Tasty Food
食在好吃

电饭锅煲汤
一本就够

杨桃美食编辑部 主编

江苏凤凰科学技术出版社

图书在版编目（CIP）数据

电饭锅煲汤一本就够 / 杨桃美食编辑部主编 . —— 南京 : 江苏凤凰科学技术出版社 , 2015.7（2019.11重印）

（食在好吃系列）

ISBN 978-7-5537-4231-1

Ⅰ . ①电… Ⅱ . ①杨… Ⅲ . ①汤菜 - 菜谱 Ⅳ . ① TS972.122

中国版本图书馆 CIP 数据核字 (2015) 第 049007 号

电饭锅煲汤一本就够

主　　　编	杨桃美食编辑部
责 任 编 辑	葛　昀
责 任 监 制	方　晨
出 版 发 行	江苏凤凰科学技术出版社
出版社地址	南京市湖南路 1 号 A 楼，邮编：210009
出版社网址	http://www.pspress.cn
印　　　刷	天津旭丰源印刷有限公司
开　　　本	718mm×1000mm　1/16
印　　　张	10
插　　　页	4
版　　　次	2015年7月第1版
印　　　次	2019年11月第2次印刷
标 准 书 号	ISBN 978-7-5537-4231-1
定　　　价	29.80元

全部入锅不必看炉火，最轻松的煮汤法！

　　冬天的夜晚，一份香浓的鸡汤、排骨汤，可以让家人滋补又暖身；夏日，一份爽滑香甜的莲子汤、绿豆汤，可以改善食欲，让人味蕾大开，祛暑又养颜。

　　一碗浓浓的汤，可以让人从内心和身体都感到温润无比。端上一碗香气四溢的汤，平淡的餐桌都能瞬间增色不少。

　　有人说，煲汤好麻烦，费时费力，现在工作这么忙，哪儿有那份闲情逸致，能炒几个小菜填饱胃已经非常不错了。其实，煲汤一点都不麻烦，并非只有专门的砂锅才能炖出美味的汤羹，电饭锅也可以，按下开关，不必看火、也不必调整火力，轻松就有好汤可以喝。煮饭炒菜的同时，将食材处理好，放入锅中，按下开关，电饭锅就自动帮你将汤炖好了，待饭熟菜好，一顿色香味俱全的大餐就齐全了，不用太辛苦付出即能收获一家人的健康和心满意足，何乐而不为？

　　煲汤的食材多种多样，鸡肉、排骨、牛肉、羊肉、海鲜、蔬菜、五谷杂粮……厨房里信手拈来，无不是煲汤好材料。甚至不用你花心思去考虑搭配，这本书集合你最想喝的所有汤！

3

目录

PART 1
元气鸡汤

PART 2
多样化猪汤

PART 3
滋补牛羊鸭肉汤

PART 4
美味海鲜汤

PART 5
健康蔬菜汤

单位换算	固体类／油脂类
	1大匙 ≈ 15克
	1小匙 ≈ 5克
	液体类
	1杯 ≈ 180～200毫升
	1碗 ≈ 500毫升

美味羹汤的烹调技巧

技巧1 煎鱼去腥增香

肉类适合用汆烫法，但对鱼可不适用，鱼要使用的是另一种去腥法！将鱼洗净处理完内脏、鱼鳞后，先用纸巾擦干水分，再放入锅中煎至金黄定型，同时加入葱段、姜片一起煎香去腥。煎完的鱼再放入锅内煮汤，就没有鱼腥味了！

技巧2 汆烫肉让汤清澈

鸡肉、猪肉、排骨、鸭肉等肉类煮汤前要先汆烫过，方法是冷水下锅再开火慢慢加温，这样能让肉质中的血水流出，保持滚沸状态约3分钟，让肉外层略熟，再捞出用冷水清洗冲除浮沫。如此一来可以让煮出来的汤头不混浊，保持清澈透亮，会更好喝！

技巧3 善用葱姜酒去腥

煮汤最怕有腥味破坏一锅汤，我们可以使用常见的去腥材料来去除腥味，比如老姜去皮切片、葱取葱白切段、汤中加入料酒或绍兴酒，这些都是能让汤变好喝的秘方，能去除腥味并提升鲜味。汤中加入姜片、葱白段，可以先用牙签串起，煮完后方便捞除。

技巧4 水量盖过食材

　　最后就是内锅中的水量注意要完全盖过所有食材，如果有食材露在水面外，不但不容易熟透，且煮完后露出来的部分会因流失水分，显得微干且老涩。

技巧5 干货浸泡更易熟

　　煮汤很常用到豆类、干货及药材，这些干货可以在中药店购买。干货在煮汤前通常要先泡水软化再烹煮，如果泡水时间不足，吃起来口感会很硬，建议可以在前一晚就提前浸泡，制作当天才不会手忙脚乱！

技巧6 使用胡椒粒替代胡椒粉

　　煮汤时尽量用胡椒粒代替胡椒粉，这个小技巧是为了让汤保有胡椒的香气，但却不会因为加了胡椒粉而让汤变黑，影响美观清澈度。如果是用电磁炉煲汤，炖煮3~4小时，那么用整颗胡椒粒即可，煮久了胡椒粒会自然爆裂开来；但这里用电饭锅烹煮时间较短，因此煮之前要将胡椒粒压破，味道才会散发出来！

煲汤的主材料

鱼肉

鱼汤具有营养高热量低的特点，非常适合现代人食用。煮鱼汤通常会洗净去鳞，切成大块，因为水产类味道较腥，所以还会加入姜去腥，使味道更鲜美。

牛肉

牛肉富含多种矿物质、维生素和蛋白质，一般认为有补气补血的作用，适合需要补充大量蛋白质的人，比如儿童、运动员或是孕妇。牛肉汤的口味有清炖、红烧、茄汁等，牛肉因为肉质较韧，所以牛腱、牛筋、牛腩和牛骨等部位，都很适合拿来熬煮牛肉汤。

排骨

猪肉最常拿来熬汤的部位就是排骨。无论是带肉的排骨还是大骨，熬煮时都可加一点醋，使骨头的钙质释放出来，久煮之后，排骨汤会变得油腻而且浓郁，最好先捞除表面的浮油，这样喝起来不油腻，又能喝到汤中富含的营养成分。

鸡肉

鸡肉是最常拿来煮汤的肉类之一，容易取得，营养价值高。煮鸡汤可用全鸡、鸡腿、鸡翅或鸡骨等部位，最好选用适合久煮带骨的肉块，肉质才不会变干涩。煮鸡汤除了鸡的主材料外，还会放辛香料、蔬菜或是中药材，来增添鸡汤的风味。

食材的前期**处理**

刮鱼鳞

虽然买回来的鱼大都已经请鱼贩去掉鳞片了，可总有一些小部位没有清除干净，最好自己再用刀细心刮除一次，如此不仅口感更好，也更干净。另外也可以用剪刀剪除鱼鳍，吃的时候才不容易被刺到。

清洗内脏

猪肚、猪肝等内脏也经常拿来炖汤，可是内脏常有薄膜或分泌物，更需要我们细心清理。生猪肚买回来后，冲水、清洗、汆烫，还要翻过来刮除内部的白膜，要安心吃内脏，处理的步骤一个也不能少。

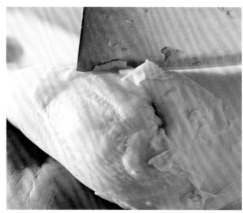

去皮

现代人十分强调健康养生概念，即使喝汤也要少油，重原味才是王道。

鸡皮是油脂的来源，用鸡肉煮鸡汤，入锅前可以先将鸡皮去除，这样煮出来的汤就不会表面浮着一层浮油。

汆烫

很多人都知道煮汤前肉类要先汆烫去血水，可是餐厅的煮法不只是这样，他们会将肉类汆煮至八分熟，再取出放至汤锅中，加入水熬汤，这样汤汁才更清澈，也不需要边煮边捞浮沫。

煲汤的最佳配角

料酒

用糯米发酵而成的料酒,是烹饪时的常用调味料。麻油鸡、姜母鸭都需要多量的料酒,四神汤煮好后,加点料酒可以去腥提味,味道更佳。

时蔬

除了肉类之外,还可以加入蔬菜来煮汤,汤头会更甜,比如萝卜、金针菇、蕃茄、莲藕或是卷心菜等,都很适合拿来熬汤。

辛香料

葱姜蒜都是常用的辛香料。肉类和鱼类都会有腥味,所以熬汤时一定要加点葱或姜来去腥。

药材

红枣、枸杞子、当归和人参等药材都是煮汤的常用材料。随着节气和各人需要不同,可选取补气、补身的药材来进补,加了药材熬煮的汤头,喝起来也会更有层次感。

电饭锅烹调技巧大解析

电饭锅是很多人都很喜欢的厨房用品，不过该如何用对技巧，做好料理，一知半解的人仍旧为数不少，"食材到底需要多少分量，要加多少水？""内锅怎么摆才对？"……如果这些问题，也让您手足无措，那么就从现在开始，用心地学会以下的电饭锅烹调技巧吧！学会后，您一定可以在制作电饭锅料理时，取得事半功倍的效果！

1. 加水量影响炖煮时间长短

因为电饭锅是借由水蒸煮间接加热法烹调，所以外锅水量的多寡，除了直接影响到炖煮时间的长短外，也会影响食物的美味。通常1/2杯量杯的水，可以蒸10分钟，1杯水可蒸15～20分钟，2杯水则可蒸30～40分钟。如果炖煮不易熟的食材，可以增加水量，以延长炖煮时间，但是续加水时，一定要用热水，以免锅内温度顿时骤降，影响烹调时间与料理美味。此外，调料如盐等，起锅前加最好。

2. 依照料理特点，决定入锅时机

如用电饭锅蒸煮生的包子、馒头等发酵的食物时，要等到水沸腾，锅内冒出蒸汽后再放入。

3. 依食材易熟度，调整加热时间

如果是不易熟的食材，可以先加热炖煮，待开关跳起后，再续加入易熟的食材，并加入足够的水，等到开关第二次跳起即完成。

4. 内锅要配合外锅的高度

不要使用超过外锅高度过高的内锅，以免锅盖盖上后无法密合，且加热后，产生于锅盖内的蒸汽会流入内锅中，导致食物失去应有风味。

5.用于保温料理，不宜超过12小时

料理用于电饭锅保温时，不要将饭勺、汤匙等器具放于锅内，且要盖好锅盖，以免影响食物气味，且为了避免饭菜走味，保温时间最好不要超过12小时。

PART 1

元气鸡汤

　　1.彻底清洗：鸡肉大都已经处理好了，但多少还是会沾染上血污与灰尘，所以一定要彻底清洗，多冲洗几次清水。

　　2.事先汆烫：最大的作用在于将鸡肉内部的脏污和杂味进一步去掉，汆烫后记得要再冲洗干净，此外汆烫过能锁住鸡肉的肉汁，不易干涩。

　　3.烫完泡凉：汆烫后马上泡冷水，可以让口感弹嫩，快速冷却可以维持肉质弹性，也能吸收较多的汤汁。

芥菜鸡汤

材料
芥菜200克，土鸡1/2只，姜30克，干干贝2个，料酒2大匙，枸杞子1大匙，水8杯

调料
盐少许

做法
1. 干干贝泡料酒放入电饭锅蒸10分钟至软化，取出剥丝备用。
2. 土鸡肉切大块，用热开水冲洗净沥干备用。
3. 芥菜洗净切段；姜洗净切丝；枸杞子洗净沥干，备用。
4. 取一内锅，放入土鸡块、芥菜段、姜丝、枸杞子及8杯水，撒上干贝丝。
5. 将内锅放入电饭锅中，外锅放2杯水（分量外），盖锅盖后按下开关，待开关跳起后，加盐调味即可。

菠萝苦瓜鸡汤

材料
苦瓜1/2个，仿土鸡腿1只，小鱼干10克，水8杯

调料
菠萝酱2大匙

做法
1. 仿土鸡腿切大块，用热开水冲洗净沥干备用。
2. 小鱼干洗净泡水软化沥干；苦瓜去内膜、去籽切条，备用。
3. 取一内锅，放入土鸡腿块、小鱼干、苦瓜、菠萝酱及8杯水。
4. 将内锅放入电饭锅中，外锅放2杯水（分量外），盖锅盖后按下开关，待开关跳起即可。

萝卜干鸡汤

材料

萝卜干	适量
仿土鸡腿	1只
大蒜	5瓣
水	8杯

调料

盐	适量

做法

❶ 萝卜干洗净；大蒜拍扁，备用。

❷ 仿土鸡腿切大块，用热开水洗净沥干备用。

❸ 取一内锅，放入鸡块、萝卜干、大蒜及8杯水。

❹ 将内锅放入电饭锅，盖锅盖后按下开关，待开关跳起后，撒入盐调味即可。

烹饪小秘方

在取用萝卜干时，记得使用没有水分且干净的工具，以免让一整瓶的陈年萝卜干受到污染而发霉败坏，那就太可惜了。

柿饼鸡汤

材料
柿饼3个，仿土鸡腿1只，枸杞子10克，水8杯

调料
盐少许

做法
1. 枸杞子洗净；仿土鸡腿切大块，用热开水洗净沥干，备用。
2. 取一内锅，放入鸡腿、柿饼、枸杞子及8杯水。
3. 将内锅放入电饭锅，盖锅盖后按下开关，待开关跳起后加盐调味即可。

八宝鸡汤

材料
八珍药材1副，小土鸡1只，红枣6颗，水8杯

调料
盐适量

做法
1. 八珍药材、小土鸡洗净，将八珍药材用绵布袋装好备用。
2. 取一内锅，放入八珍药包、小土鸡、红枣及8杯水。
3. 将内锅放入电饭锅，盖锅盖后按下开关，待开关跳起后加盐调味即可。

清炖鸡汤

材料
鸡肉块600克, 姜片5克, 葱段30克, 水1200毫升

调料
盐适量, 绍兴酒4大匙

做法
1. 鸡肉块放入沸水中氽烫去血水备用。
2. 将所有材料、绍兴酒放入电饭锅中, 盖上锅盖, 按下开关, 待开关跳起, 续焖30分钟后, 加入盐调味即可。

烹饪小秘方

绍兴酒除了可以去腥外, 其特殊的香气还可替料理增色, 因为清炖鸡汤的材料简单, 也没有多余中药材的味道, 用绍兴酒正好可以增加鸡汤的风味。

香菇竹荪鸡汤

材料
干香菇8朵, 竹荪5条, 土鸡1/2只, 老姜片10克, 葱白2根, 水800毫升

调料
盐1/2小匙, 鸡精1/2小匙, 绍兴酒1小匙

做法
1. 土鸡剁小块、氽烫洗净; 老姜片、葱白用牙签串起; 干香菇泡水至软, 剪掉蒂头; 竹荪泡水、剪成3厘米长的段, 备用。
2. 取一内锅, 放入所有材料, 再加入800毫升水及所有调料。
3. 将内锅放入电饭锅里, 盖上锅盖、按下开关, 煮至开关跳起, 捞除姜片、葱白即可。

牛蒡鸡汤

材料
牛蒡茶包1包，鸡腿2只，红枣6个，水5杯

调料
盐适量

做法
1. 红枣洗净备用。
2. 鸡腿用热开水洗净沥干备用。
3. 取一内锅，放入鸡腿、红枣、牛蒡茶包及5杯水。
4. 将内锅放入电饭锅，盖锅盖后按下开关，待开关跳起后加盐调味即可。

竹笋鸡汤

材料
竹笋2支，仿土鸡腿1只，姜4片，水8杯

调料
酱冬瓜2大匙

做法
1. 竹笋剥壳切块备用（若无新鲜可用真空包绿竹笋）。
2. 仿土鸡腿切大块，用热开水洗净沥干备用。
3. 取一内锅，放入竹笋块、土鸡块、酱冬瓜、姜片及8杯水。
4. 将内锅放入电饭锅中，盖锅盖后按下开关，待开关跳起即可。

糙米炖鸡汤

材料

糙米	1/2杯
仿土鸡肉	1只
枸杞子	10克
姜片	15克
水	6杯

调料

盐	少许

做法

1. 糙米洗净，用果汁机打碎备用。
2. 仿土鸡肉切大块，用热开水洗净沥干备用。
3. 取一内锅，放入土鸡肉、姜片、打碎的糙米、枸杞子及6杯水。
4. 将内锅放入电饭锅中，盖锅盖后按下启动开关，待开关跳起后，加盐调味即可。

烹饪小秘方

糙米在烹煮前先用搅拌机打碎，再用来炖煮，可以让汤头很快充满淀粉而变得滑稠，不必煮至米粒熟烂，就有汤头浓郁的效果。

莲子百合鸡汤

材料
干莲子50克，干百合30克，土鸡肉300克，姜3片，料酒1小匙，水600毫升

调料
盐1/2小匙

做法
1. 先将干莲子和干百合泡水2小时备用。
2. 土鸡肉洗净切块，放入滚水中氽烫去除血水脏污后捞起，洗净沥干。
3. 取一内锅，放入莲子、百合、土鸡块、姜片、料酒、水和盐，煮至开关跳起即可。

双葱鸡汤

材料
洋葱80克，葱60克，鸡肉500克，热水600毫升

调料
绍兴酒20毫升，盐1/2小匙

做法
1. 洋葱洗净去皮切丝；葱洗净切长段，备用。
2. 鸡肉洗净切大块，放入加了料酒（材料外）的滚水中氽烫，捞出洗净。
3. 电饭锅内锅放入洋葱、葱段、鸡肉块、绍兴酒和600毫升水，煮至开关跳起，最后加入盐焖15分钟即可。

冬瓜陈皮鸡汤

材料

冬瓜	300克
陈皮	10克
鸡肉	600克
姜片	10克
热水	800毫升

调料

料酒	少许
盐	1/2小匙

做法

1. 冬瓜外皮洗净, 去籽, 切厚片; 陈皮洗净; 鸡肉洗净切大块备用。

2. 取一锅水煮滚, 加少许料酒, 放入鸡肉汆烫, 捞出洗净。

3. 电饭锅内锅放入冬瓜片、陈皮、鸡肉、姜片和800毫升热水, 煮至开关跳起, 焖10分钟, 最后加入盐调味即可。

 烹饪小秘方

莲子可以养神安宁, 降血压; 百合能补中益气, 温肺止咳。两味并用, 具有清心去热、养阴润肺的功效, 可以为人们带来愉快的心情。

青蒜浓鸡汤

材料
蒜苗2根，西洋芹1根，洋葱1/2个，去骨鸡腿1只，鲜奶油1杯，水8杯

调料
盐少许

做法
1. 蒜苗、西洋芹洗净切段；洋葱切丁，备用。
2. 去骨鸡腿切小块，用热开水冲洗净沥干备用。
3. 外锅放1/4杯水，按下开关。
4. 取一内锅，待锅热倒入少许油（材料外），放入蒜苗、洋葱丁、西洋芹段爆香。
5. 再放入鸡腿块炒香，加入8杯水，盖锅盖后按下开关，待开关跳起，加入鲜奶油拌均匀，加盐调味后即可。

桂花银耳鸡汤

材料
银耳15克，桂花适量，乌鸡600克，姜丝10克，热水1000毫升

调料
料酒1大匙，盐1小匙

做法
1. 银耳洗净，以清水泡至柔软去蒂头，沥干水分，撕小朵。
2. 乌鸡洗净切大块，放入加了料酒（材料外）的滚水中氽烫，捞出洗净。
3. 电饭锅内锅放入银耳、鸡肉块、姜丝、料酒和1000毫升热水，煮至开关跳起。
4. 最后加入桂花和盐调味即可。

甘蔗鸡汤

材料
甘蔗200克，鸡肉700克，姜汁20毫升，热水1100毫升

调料
盐1小匙

做法
1. 将甘蔗外皮彻底刷洗干净，切小块；鸡肉洗净切大块，备用。
2. 取一锅水煮滚，放入鸡肉汆烫，捞出洗净，备用。
3. 电饭锅内锅放入甘蔗块、鸡肉、20毫升姜汁和1100毫升热水，煮至开关跳起，焖10分钟，最后加入盐调味即可。

罗勒鸡汤

材料
干罗勒根梗200克，鸡肉900克，水1200毫升，罗勒叶适量

调料
盐1小匙，料酒2大匙

做法
1. 干罗勒根梗、罗勒叶都洗净备用。
2. 电饭锅内锅放入1200毫升水和干罗勒根梗，煮至开关跳起，取出滤除杂质，留下汤汁。
3. 鸡肉洗净，取一锅水煮滚，将鸡肉汆烫捞出洗净。
4. 电饭锅内锅放入罗勒汁、鸡肉、料酒，外锅加1.5杯水（分量外）煮至开关跳起，放入罗勒叶焖10分钟，最后加入盐调味即可。

芥菜干贝鸡汤

📋 材料

芥菜	350克
干贝	5个
全鸡腿	1只
（约650克）	
料酒	100毫升
葱段	15克
姜片	15克
热水	600毫升

🧂 调料

盐	1/4小匙

🍲 做法

1. 干贝洗净，用料酒浸泡约30分钟至软化；芥菜洗净，放入滚水中汆烫去涩味，捞出沥干水分，备用。

2. 另煮一锅水，加入少许料酒和葱段，放入全鸡腿汆烫，捞出洗净。

3. 电饭锅内锅放入全鸡腿和芥菜。

4. 内锅再加入600毫升热水，续放入姜片、干贝和剩余的料酒。

5. 放入内锅煮至开关跳起，加入盐调味，再焖10分钟即可。

木耳炖鸡翅汤

🍲 **材料**
黑木耳150克，二节鸡翅5只，红枣6颗，姜10克，水6杯

🧂 **调料**
盐适量

📋 **做法**
① 黑木耳洗净、去蒂头，放入果汁机加少许水（分量外）打成汁；姜切丝；红枣洗净，备用。
② 鸡翅用热开水洗净，沥干备用。
③ 内锅放入黑木耳汁、红枣、鸡翅、姜丝及6杯水。
④ 将内锅放入电饭锅，盖锅盖后按下开关，待开关跳起后，加盐调味即可。

干贝竹笙鸡汤

🍲 **材料**
干贝5个，竹笙15克，土鸡肉600克，料酒80毫升，葱段20克，姜片10克，热水850毫升

🧂 **调料**
盐1/4小匙

📋 **做法**
① 竹笙洗净，用清水泡至软化；用剪刀把竹笙的蒂头剪除，切段备用；土鸡肉切大块。
② 干贝洗净，用料酒浸泡至软化。
③ 取一锅水煮滚，加少许料酒和葱段，放入土鸡肉块汆烫，捞出洗净。
④ 内锅放入土鸡肉块、竹笙、姜片和850毫升热水。
⑤ 最后放入干贝和剩余的料酒，煮至开关跳起，加入盐调味即可。

香菇参须炖鸡翅

材料

香菇10朵，人参须10克，鸡翅600克（双节翅），姜片5克，水1200毫升

调料

盐1.5小匙，料酒2大匙

做法

1. 鸡翅放入沸水中氽烫一下；香菇泡水，去蒂洗净备用。

2. 将所有材料与料酒放入电饭锅内锅，盖上锅盖，按下开关，待开关跳起，续焖30分钟后，加入盐调味即可。

香菇鸡汤

材料

香菇12朵，鸡肉块600克，红枣6颗，姜片5克，水1200毫升

调料

盐适量，料酒2大匙

做法

1. 鸡肉块放入沸水中氽烫去血水；香菇泡水，去蒂洗净备用。

2. 将所有材料与料酒放入电饭锅内锅，盖上锅盖，按下开关，待开关跳起，续焖30分钟后，加入盐调味即可。

参须红枣鸡汤

材料
人参须30克，红枣10颗，土鸡1只，水600毫升，老姜3片，绍兴酒1大匙

调料
盐1小匙

做法
1. 土鸡洗净，放入滚水中氽烫，捞起备用。
2. 红枣、人参须洗净备用。
3. 将土鸡、人参须、红枣放入锅内，加入水、姜片、盐和绍兴酒。
4. 将锅放入电饭锅中炖煮，待开关跳起即可。

洋葱嫩鸡浓汤

材料
洋葱400克，蘑菇100克，鸡腿1只，奶油1大匙

调料
A 盐少许，黑胡椒粉少许 B 水600毫升，料酒1大匙，盐少许，黑胡椒粉少许

做法
1. 洋葱去皮洗净切丝；蘑菇洗净切片；鸡腿肉洗净切一口大小，撒上调料A，备用。
2. 压下电饭锅开关，另取一锅倒入1大匙色拉油，放入奶油融化后，加入洋葱丝炒至糖褐色，取出备用。
3. 再倒入少许油，放入鸡腿肉煎至上色，取出鸡腿肉，放入蘑菇片也煎至上色取出备用。
4. 电饭锅中加入600毫升水煮至沸腾，加入所有材料，续煮约10分钟，加入其余调料B拌匀即可。

蛤蜊冬瓜鸡汤

材料
蛤蜊200克，冬瓜300克，鸡肉块400克，姜片5克，水1000毫升

调料
盐1.5小匙，料酒2大匙

做法
1. 鸡肉块放入沸水中汆烫去血洗净水；蛤蜊用清水浸泡，待其吐沙后洗净；冬瓜去皮切块，备用。
2. 将所有材料与料酒放入电饭锅中，盖上锅盖，按下开关，待开关跳起，加入盐调味即可。

月桂西芹鸡汤

材料
月桂叶4片，西芹2根，鸡肉600克，热水750毫升

调料
盐1/4小匙

做法
1. 西洋芹洗净，以刮刀去除外侧粗硬纤维，切斜片；月桂叶洗净备用。
2. 鸡肉洗净切大块，放入加了料酒（材料外）的滚水中汆烫，捞出洗净。
3. 电饭锅内锅放入西芹、鸡肉块、月桂叶和750毫升热水，煮至开关跳起，最后加入盐调味即可。

蛤蜊鸡汤

🍲 **材料**

蛤蜊300克，鸡肉块500克，葱段20克，姜片20克，热水700毫升

🍶 **调料**

盐1/4小匙

🍱 **做法**

❶ 蛤蜊泡水吐沙，洗净备用。

❷ 鸡肉块洗净，放入加了料酒和姜片（分量外）的滚水中氽烫，捞出洗净。

❸ 电饭锅内锅放入鸡肉块、剩余姜片和700毫升热水，煮至开关跳起。

❹ 续加入蛤蜊和葱段，煮至开关跳起，最后加入盐调味即可。

麻油鸡

🍲 **材料**

鸡块600克，姜片50克，姜汁1大匙，水1000毫升

🍶 **调料**

盐1小匙，料酒100毫升，胡麻油2大匙

🍱 **做法**

❶ 鸡肉放入沸水中氽烫去除血水备用。

❷ 将所有材料、料酒及胡麻油放入电饭锅内锅，盖上锅盖，按下开关，待开关跳起，续焖10分钟后，加入盐调味即可。

茶油鸡汤

🍲 **材料**
茶油3大匙，鸡翅500克，姜片20克，枸杞子10克，热水800毫升

🥢 **调料**
盐少许，料酒200毫升

🍱 **做法**
❶ 鸡翅洗净，冲入沸水烫去血水、捞起，以冷水洗净备用。
❷ 将茶油、姜片、鸡翅、料酒、热水放入内锅中。
❸ 按下开关，煮至跳起，再焖5分钟，加入枸杞子与盐调味即可。

淮山乌鸡汤

🍲 **材料**
淮山150克，乌鸡1/4只，枸杞子1小匙，老姜片10克，葱白2根，水800毫升

🥢 **调料**
盐1/2小匙，鸡精1/2小匙，绍兴酒1小匙

🍱 **做法**
❶ 乌鸡剁小块、汆烫洗净，备用。
❷ 淮山去皮洗净切块，汆烫后过冷水，备用。
❸ 姜片、葱白用牙签串起，备用。
❹ 取一内锅，放入做法1、2、3的材料，再加入枸杞子、800毫升水及所有调料。
❺ 将内锅放入电饭锅里，盖上锅盖、按下开关，煮至开关跳起后，捞除姜片、葱白即可。

何首乌鸡汤

🍲 **材料**

何首乌10克，鸡肉块600克，姜片5克，水1200毫升，熟地5克，黄芪10克，红枣10颗

🍶 **调料**

盐1/2小匙，料酒1小匙

🍱 **做法**

① 鸡肉块放入沸水中汆烫去血水；中药材稍微洗净沥干，备用。

② 将所有材料与料酒放入电饭锅中，盖上锅盖，按下开关，待开关跳起，续焖30分钟后，加入盐调味即可。

黄瓜仔鸡汤

🍲 **材料**

腌小黄瓜100克，土鸡1/4只，老姜30克，葱1根，水600毫升

🍱 **做法**

① 土鸡剁小块，放入滚水汆烫1分钟后捞出备用。

② 腌黄瓜略切小块；老姜去皮切片；葱洗净切段，备用。

③ 将做法1、2的所有食材和水，放入内锅中，按下开关，煮至开关跳起，捞除葱段即可。

烹饪小秘方

因为有腌黄瓜，所以煮好须先试尝咸度，太淡可加适量盐调味，若于煮时加入盐，过咸也可加水冲淡，但汤头会略失浓郁。

萝卜炖鸡汤

材料
白萝卜300克，土鸡1/4只，老姜30克，葱1根，水600毫升

调料
盐1小匙，料酒1大匙

做法
1. 土鸡剁小块,放入滚水氽烫1分钟后捞出备用。
2. 白萝卜去皮洗净切滚刀块，放入滚水氽烫1分钟捞出备用。
3. 老姜去皮洗净切片；葱洗净切段，备用。
4. 将做法1~3的所有食材、水和调料放入内锅中，煮至开关跳起，捞除葱段即可。

胡椒黄瓜鸡汤

材料
白胡椒粒1.5小匙，大黄瓜1/2条，土鸡1/2只，水800毫升

调料
盐1/2小匙，鸡精1/2小匙，绍兴酒1小匙

做法
1. 土鸡剁小块、氽烫洗净，备用。
2. 大黄瓜去皮、洗净，去籽切块，备用。
3. 白胡椒粒放砧板上，用刀面压破，备用。
4. 取一内锅，放入所有材料及调料。
5. 将内锅放入电饭锅里，盖上锅盖、按下开关，煮至开关跳起后即可。

蒜香炖鸡汤

材料
蒜仁	100克
土鸡腿	600克
姜片	30克
水	600毫升

调料
盐	1小匙
料酒	40毫升

做法
1. 土鸡腿洗净、剁小块；蒜仁去皮切去蒂头，备用。
2. 将土鸡腿块、蒜仁与姜片一起放入内锅，加入水及料酒，再放入电饭锅，盖上锅盖，按下开关，蒸至开关跳起，开盖后加盐调味即可。

蒜仁蚬仔鸡汤

材料
蒜仁50克，蚬仔200克，鸡肉块400克，姜片10克，水800毫升

调料
盐1小匙，料酒2大匙

做法
1. 鸡肉块放入沸水中汆烫去血水；蚬仔放入清水中吐沙后洗净，备用。
2. 将所有材料与料酒放入电饭锅内锅，盖上锅盖，按下开关，待开关跳起，续焖30分钟后，加入盐调味即可。

仙草鸡汤

材料
仙草10克，鸡肉块600克，姜片5克，水1200毫升

调料
盐1.5小匙，白糖1/2小匙，料酒2大匙

做法
1. 鸡肉块放入沸水中汆烫去血水；仙草稍微清洗，修剪成适当长度包入药包袋中，备用。
2. 将所有材料与料酒放入电饭锅内锅，盖上锅盖，按下开关，待开关跳起，续焖30分钟后，加入其余调料即可。

金线莲鸡汤

🍲 材料

金线莲	7克
鸡肉块	600克
姜片	5克
水	1200毫升

🧂 调料

盐	1.5小匙
白糖	1/2小匙
料酒	2大匙
油	2大匙

📖 做法

1. 鸡肉块放入沸水中氽烫去血水；将金线莲包入药包袋中，备用。

2. 将所有材料与料酒放入电饭锅内锅，盖上锅盖，按下开关，待开关跳起，续焖30分钟后，加入其余调料即可。

烹饪小秘方

金线莲在民间传说中具有治疗百病之功效，素有"药王"美称，数量十分稀少。老百姓常用金线莲煲汤给新生儿喂食，使新生儿不易患胃肠疾病，并能去除胎毒。

牛奶脯鸡汤

🍲 **材料**

牛奶脯80克，鸡肉块600克，水1500毫升，枸杞子20克

🍶 **调料**

盐1.5小匙，料酒2大匙

🍳 **做法**

1. 将鸡肉块放入沸水中汆烫去除血水；所有中药材稍微清洗后沥干，备用。
2. 将所有材料、中药材与料酒放入电饭锅内锅，盖上锅盖，按下开关，待开关跳起，续焖30分钟后，加入盐调味即可。

狗尾草鸡汤

🍲 **材料**

鸡肉600克，姜片5克，水1200毫升，狗尾草100克

🍶 **调料**

盐1.5小匙，料酒50毫升

🍳 **做法**

1. 鸡肉块放入沸水中汆烫去血水备用。
2. 将所有材料与料酒放入电饭锅中，盖上锅盖，按下开关，待开关跳起，续焖30分钟后，加入盐调味即可。

人参枸杞子鸡汤

🍲 **材料**
人参2支，枸杞子20克，土鸡1500克，姜片15克，水2500毫升，保鲜膜1大张，红枣20克

🥄 **调料**
盐2小匙，料酒3大匙

📋 **做法**
1. 把土鸡用滚水汆烫5分钟后捞起，用清水冲洗去血水脏污，沥干后放入电饭锅内锅中备用。
2. 将所有药材用冷水清洗后放在土鸡上，再把姜片、盐、料酒与2500毫升水一并放入，在锅口封上保鲜膜。
3. 炖煮约90分钟即可。

党参黄芪炖鸡汤

🍲 **材料**
党参8克，黄芪4克，土鸡腿120克，红枣8颗，水400毫升

🥄 **调料**
盐1/2小匙，料酒1/2小匙

📋 **做法**
1. 土鸡腿剁小块备用。
2. 将土鸡腿块放入滚水中汆烫约1分钟后取出、洗净，放入电饭锅内锅中。
3. 将党参、黄芪和红枣用清水略为冲洗后，与水加入电饭锅内锅中。
4. 盖上锅盖、按下电饭锅开关，待电饭锅开关跳起，焖约20分钟后，再加入盐及料酒调味即可。

冬瓜荷叶鸡汤

材料

冬瓜	150克
干荷叶	1张
土鸡	1/4只
老姜片	10克
水	800毫升

调料

盐	1/2小匙
鸡精	1/2小匙
绍兴酒	1小匙

做法

① 土鸡剁小块、氽烫洗净，备用。

② 冬瓜带皮洗净、切方块，备用。

③ 干荷叶剪小块，泡水至软，氽烫后洗净，备用。

④ 取一内锅，放入上述材料，再加入姜片、800毫升水及所有调料。

⑤ 将内锅放入电饭锅里，盖上锅盖、按下开关，煮至开关跳起后，捞除姜片即可。

烹饪小秘方 　用土鸡煮出来的鸡汤有自然的鲜甜味，如果土鸡较难买到，也能用仿土鸡代替，只是口感会稍差些。

杏汁鸡汤

材料
南杏100克，土鸡1/2只，老姜片10克，水800毫升

调料
盐1/2小匙，鸡精1/2小匙，绍兴酒1小匙

做法

① 南杏洗净，用300毫升水泡约8小时，再用果汁机打成汁，并过滤掉残渣，备用。

② 土鸡剁小块、氽烫洗净，备用。

③ 取一内锅，放入上述材料，再加入老姜片、500毫升水及所有调料。

④ 将内锅放入电饭锅里，盖上锅盖、按下开关，煮至开关跳起后，捞除姜片即可。

巴西蘑菇木耳鸡

材料
巴西蘑菇200克，黑木耳80克，鸡肉600克，水600毫升

调料
盐1小匙，料酒50毫升

做法

① 鸡肉洗净后剁小块；巴西蘑菇及黑木耳洗净切小段，备用。

② 煮一锅水，水滚后将鸡肉下锅氽烫约1分钟后取出，用冷水洗净沥干。

③ 将鸡肉块放入电饭锅内锅，加入巴西蘑菇和黑木耳、水、料酒，盖上锅盖，按下开关。

④ 待开关跳起后，加入盐调味即可。

香菜炖土鸡

材料

香菜10克，鸡肉600克，芹菜80克，蒜仁15瓣，水600毫升

调料

绍兴酒50毫升，盐1小匙

做法

1. 鸡肉洗净后剁小块；蒜仁去皮切蒂；香菜及芹菜洗净切小段，备用。
2. 煮一锅水，水滚后将鸡肉块下锅汆烫约1分钟后取出，用冷水洗净沥干。
3. 将鸡肉块放入电饭锅内锅，加入水、绍兴酒、芹菜、香菜及蒜仁，盖上锅盖，按下开关。
4. 待开关跳起后，加入盐调味即可。

沙参玉竹炖鸡

材料

沙参30克，玉竹60克，仿土鸡块600克，红枣3颗，水600毫升

调料

盐1/2小匙

做法

1. 将仿土鸡块放入滚水中汆烫，洗净后去掉鸡皮备用。
2. 红枣、沙参、玉竹洗净，备用。
3. 将上述材料放入锅内，加入水和盐，放入电饭锅中，按下开关，待开关跳起即可。

黑枣淮山鸡汤

材料

淮山200克，黑枣12颗，土鸡1/2只（约800克），枸杞子5克，姜片30克，水800毫升

调料

料酒50毫升，盐1小匙

做法

1. 鸡肉洗净后剁小块；淮山去皮洗净切小块，备用。
2. 煮一锅水，水滚后将鸡肉块下锅汆烫约1分钟后取出，用冷水洗净沥干，备用。
3. 将鸡肉块放入电饭锅内锅，加入水、料酒、淮山、枸杞子、黑枣及姜片，外锅加2杯水，盖上锅盖，按下开关。
4. 待开关跳起后，加入盐调味即可。

白果炖鸡

材料

白果150克，鸡肉600克，西芹80克，姜末10克，水200毫升

调料

绍兴酒30毫升，盐1/2小匙

做法

1. 鸡肉洗净后剁小块；西芹去粗丝洗净切小段，备用。
2. 煮一锅水，水滚后将鸡肉块下锅汆烫约1分钟后取出，用冷水洗净沥干。
3. 将鸡肉块放入电饭锅内锅，加入水、绍兴酒、西芹段、白果及姜片，盖上锅盖，按下开关。
4. 待开关跳起后，加入盐调味即可。

椰汁红枣鸡盅

材料

椰子	1个
红枣	12颗
土鸡	1/2只
（约800克）	
姜片	30克

调料

料酒	50毫升
盐	1小匙

做法

1. 椰子切开后，取出椰汁倒于容器中；鸡肉洗净后剁小块，备用。
2. 煮一锅水，水滚后将鸡肉下锅汆烫约1分钟后取出，用冷水洗净沥干备用。
3. 将鸡肉放入电饭锅内锅，加入椰汁、料酒、红枣及姜片，盖上锅盖，按下开关。
4. 待开关跳起后，加入盐调味即可。

烹饪小秘方

电子锅做法同电饭锅，但水量要增加100毫升，按下开关后，炖煮约40分钟即可关掉开关。

养生鲜菇鸡汤

🍴 **材料**
Ⓐ 杏鲍菇50克，金针菇40克，秀珍菇30克，黑珍珠菇40克，白精灵菇40克 Ⓑ 鸡腿2只（约450克），葱丝适量，姜丝15克，热水700毫升

🧂 **调料**
料酒1小匙，盐1/2小匙

🍲 **做法**
① 材料A洗净沥干。
② 取一锅水烧滚，放入鸡腿汆烫，捞出洗净。
③ 电饭锅内锅放入鸡腿、姜丝、料酒和700毫升热水，外锅加1.5杯水，煮至开关跳起。
④ 续放入材料A，外锅再加1/3杯水，煮至开关跳起，加入盐和葱丝调味即可。

大头菜鸡汤

🍴 **材料**
大头菜300克，鸡肉600克，虾米20克，热水1000毫升

🧂 **调料**
料酒1大匙，胡椒粉少许，盐1/2小匙

🍲 **做法**
① 虾米洗净，以适量料酒（材料外）浸泡5分钟，捞出沥干；大头菜洗净去皮切块备用。
② 鸡肉洗净切大块，放入加了料酒（材料外）的滚水中汆烫，捞出洗净沥干。
③ 电饭锅内锅放入虾米、大头菜、鸡肉块、料酒和1000毫升热水，按下开关，煮至开关跳起后再焖10分钟，最后加入盐和胡椒粉调味即可。

螺肉蒜苗鸡汤

材料

螺肉罐头	1罐
蒜苗	80克
鸡肉	600克
鱿鱼	50克
热水	800毫升

调料

料酒	少许
盐	1/4小匙

做法

1. 鱿鱼洗净泡水90分钟，去除外层薄膜，切小片；蒜苗洗净切斜片。
2. 鸡肉洗净切大块。
3. 取一锅水煮滚，加入少许料酒（分量外），放入鸡肉块汆烫，捞出以清水冲洗干净。
4. 电饭锅内锅放入鸡肉块、料酒和800毫升热水，煮至开关跳起，再放入螺肉和汤汁、鱿鱼片，煮至开关跳起，加入盐和蒜苗片即可食用。

烹饪小秘方

田螺肉丰腴细腻，味道鲜美，素有"盘中明珠"的美誉。它富含蛋白蛋、维生素和人体必需的氨基酸和微量元素，是典型的高蛋白、低脂肪、高钙质的天然动物性保健食物。

味噌鸡汤

材料
鸡肉块500克，白萝卜250克，白味噌50克，葱花10克，热水900毫升

调料
糖1/4小匙

做法
1. 白萝卜洗净去皮，切大块。
2. 鸡肉块洗净，放入加了料酒（分量外）的滚水中氽烫，捞出洗净。
3. 电饭锅内锅放入白萝卜块、鸡肉块和900毫升热水，煮至开关跳起。
4. 白味噌以少许水调匀，和葱花、盐一起加入锅内，外锅加1/3杯水，煮至开关跳起即可。

腰果蜜枣鸡汤

材料
腰果50克，蜜枣90克，鸡肉600克，姜片10克，热水1000毫升

调料
盐1大匙

做法
1. 腰果和蜜枣洗净，备用。
2. 鸡肉洗净切大块，放入加了料酒（材料外）的滚水中氽烫，捞出洗净。
3. 电饭锅内锅放入腰果、蜜枣、鸡肉块、姜片和1000毫升热水，煮至开关跳起，焖10分钟，最后加入盐调味即可。

茶香鸡汤

材料
茶叶适量，鸡肉块600克，蟹味菇120克，姜丝10克，热水900毫升

调料
料酒1大匙，盐1/2小匙

做法
1. 茶叶以300毫升热水浸泡至茶色变深；蟹味菇去除蒂头，洗净备用。
2. 鸡肉块洗净，放入加了料酒（材料外）的滚水中氽烫，捞出洗净沥干。
3. 电饭锅内锅放入茶叶与茶汁、蟹味菇、鸡肉块、姜丝、料酒和其余600毫升热水，煮至开关跳起，焖10分钟，最后加入盐调味即可。

苹果鸡汤

材料
苹果（双色）200克，鸡翅600克，山楂10克，热水1000毫升

调料
盐1大匙

做法
1. 苹果外皮洗净去籽，切块备用。
2. 鸡翅洗净；取一锅水煮滚，放入鸡翅氽烫，捞出洗净。
3. 电饭锅内锅放入苹果块、鸡翅、山楂和1000毫升热水，煮至开关跳起，焖10分钟，最后加入盐调味即可。

海带黄豆芽鸡汤

🍲 材料

海带结	60克
（咸味）	
黄豆芽	50克
鸡腿	400克
姜片	10克
热水	700毫升

🧂 调料

料酒	1大匙
盐	1/4小匙

📋 做法

❶ 海带结泡水1小时，洗净沥干；黄豆芽、鸡腿都洗干净备用。

❷ 取一锅水烧滚，放入姜片（分量外）和黄豆芽汆烫，捞出备用。

❸ 原锅放入鸡腿汆烫，捞出洗净。

❹ 电饭锅内锅放入海带结、黄豆芽、鸡腿、姜片、料酒和700毫升热水，煮至开关跳起，焖10分钟，加入盐调味即可。

> **烹饪小秘方**
>
> 制作前，应先将海带洗净，再浸泡，然后将浸泡的水和海带一起下锅做汤食用。这样可避免溶于水中的甘露醇和某些维生素被丢弃不用，从而保存了海带中的有效成分。

大黄瓜玉米鸡汤

🍲 材料
大黄瓜150克，玉米150克，鸡肉600克，小鱼干15克，热水1200毫升

🍶 调料
盐1小匙，胡椒粉少许

📋 做法
1. 玉米洗净切段，大黄瓜洗净去皮，切大块；小鱼干洗净备用。
2. 鸡肉洗净；取一锅水煮滚，放入少许料酒（材料外）和鸡肉汆烫，捞出洗净，备用。
3. 电饭锅内锅放入所有材料、鸡肉和热水，煮至开关跳起，焖10分钟，最后加入盐和胡椒粉调味即可。

黄瓜仔香菇鸡汤

🍲 材料
小黄瓜罐头50克，干香菇30克，鸡腿块200克，水800毫升

🍶 调料
酱油1大匙

📋 做法
1. 干香菇洗净，泡入水中至软；鸡腿块洗净备用。
2. 电饭锅内放入罐头黄瓜、鸡腿块、泡开的干香菇、水和所有调料，按下开关，煮至开关跳起即可。

黑豆鸡汤

材料
黑豆60克，鸡肉800克，红枣6颗，姜片10克，热水800毫升

调料
料酒2大匙，盐1小匙

做法
1. 黑豆洗净，以200毫升水（分量外）浸泡约5小时；红枣洗净备用。
2. 鸡肉洗净；取一锅水煮滚，放入鸡肉汆烫，捞出洗净，备用。
3. 电饭锅内锅放入黑豆、红枣、鸡肉、料酒、800毫升热水，煮至开关跳起，最后加入盐调味，焖10分钟即可。

四神鸡汤

材料
芡实15克，莲子15克，淮山20克，伏苓10克，枸杞子5克，薏米80克，川芎5克，鸡肉600克，水1200毫升

调料
料酒30毫升，盐1小匙

做法
1. 将所有材料洗净，以1200毫升水浸泡1~2小时，备用。
2. 鸡肉洗净切大块，放入加少许料酒（分量外）的滚水中汆烫，捞出洗净。
3. 电饭锅内锅放入做法1的材料（含水），以及鸡肉、料酒，煮至开关跳起，焖10分钟，最后加入盐调味即可。

干贝莲藕煲鸡腿

材料
干贝3个,莲藕200克,鸡腿250克,莲子50克,姜片5克,水1600毫升

调料
盐少许,料酒少许

做法
1. 鸡腿洗净,放入沸水锅中烫去血水,捞起以冷水洗净备用。
2. 干贝以料酒泡软;莲藕去皮洗净,切片;莲子洗净,备用。
3. 将所有材料放入电饭锅中,按下开关,待开关跳起,再焖10分钟,起锅前加盐调味即可。

竹笋煲鸡腿

材料
绿竹笋300克,鸡肉250克,紫苏梅6颗,姜片5克,水1300毫升

调料
盐少许,鸡精少许

做法
1. 鸡肉洗净,放入沸水锅中烫去血水,捞起以冷水洗净备用。
2. 绿竹笋洗净,切成块状备用。
3. 取内锅,放入水、紫苏梅、姜片、鸡肉及绿竹笋块。
4. 放入电饭锅中,按下开关,待开关跳起,加入所有调料拌匀即可。

南瓜豆浆鸡汤

材料
南瓜　　　　　200克
原味热豆浆　600毫升
鸡肉　　　　　400克

调料
盐　　　　　1/4小匙

做法
1. 南瓜刷洗干净，切厚片备用。
2. 鸡肉洗净，放入加了料酒和姜片（分量外）的滚水中汆烫，捞出洗净。
3. 电饭锅内锅放入南瓜块、鸡肉和600毫升热豆浆，煮至开关跳起，焖10分钟，最后加入盐调味即可。

薏米莲子凤爪汤

材料
薏米50克，莲子40克，鸡爪400克，姜片10克，水1000毫升，红枣10颗

调料
料酒20毫升，盐1小匙

做法
1. 鸡爪去爪尖后剁小段，放入沸水中氽烫后取出；薏米、莲子泡水60分钟；红枣稍微洗过，备用。
2. 将所有材料、料酒放入电饭锅中，盖上锅盖，按下开关，待开关跳起，续焖10分钟后，加入盐调味即可。

白菜凤爪汤

材料
包心大白菜400克，鸡爪10只，姜4片，葱段1根，水500毫升

调料
盐1小匙

做法
1. 包心大白菜用手剥成大片状洗净，放入滚水氽烫后捞出，用冷水冲凉沥干备用。
2. 鸡爪剪掉前面尖爪再对半剁开，放入滚水氽烫后捞出备用。
3. 将白菜、鸡爪、姜片、葱段、水和调料全部放入内锅中，按下开关，煮至开关跳起即可。

板栗红枣凤爪汤

材料
板栗8颗，红枣6颗，鸡爪10只，老姜片15克，葱白2根，水800毫升

调料
盐1/2小匙，鸡精1/2小匙，绍兴酒1小匙

做法
① 鸡爪剁去指尖、汆烫洗净，备用。
② 板栗泡热水、去壳去皮；红枣洗净，备用。
③ 姜片、葱白用牙签串起，备用。
④ 取一内锅，放入上述所有的材料，再加入800毫升水及所有调料。
⑤ 将内锅放入电饭锅里，盖上锅盖、按下开关，煮至开关跳起后，捞除姜片、葱白即可。

香菇牡蛎凤爪汤

材料
干香菇6朵，牡蛎30克，鸡爪6只，猪后腿窝肉150克，陈皮1片，老姜片15克，葱白2根，水800毫升

调料
盐1/2小匙，鸡精1/2小匙，绍兴酒1小匙

做法
① 鸡爪剁去尖、汆烫洗净；猪后腿肉切小块、汆烫洗净，备用。
② 香菇泡水至软去蒂头；牡蛎略洗；陈皮泡水至软去白膜、切小块；姜片、葱白用牙签串起，备用。
③ 取一内锅，放入上述材料，再加入800毫升水及所有调料。
④ 将内锅放入电饭锅里，盖上锅盖、按下开关，煮至开关跳起后，捞除姜片、葱白即可。

木瓜炖凤爪

材料
青木瓜300克，鸡爪300克，黄豆50克，胡萝卜80克，姜片15克

调料
料酒30毫升，盐1/2小匙

做法
1. 鸡爪剁掉爪尖，洗净切块，放入滚水中汆烫3分钟，捞起沥干备用。
2. 黄豆洗净，泡水6小时后，放入滚水中汆烫约3分钟，捞起沥干备用。
3. 青木瓜洗净去皮去籽后切块；胡萝卜洗净去皮切块。
4. 将上述材料、料酒和姜片放入电饭锅内锅中，按下开关，煮至开关跳起。
5. 打开锅盖，加入盐拌匀，焖约5分钟即可。

莲子枸杞子凤爪汤

材料
莲子50克，枸杞子5克，鸡爪300克，姜片8克

调料
水400毫升，盐1/2小匙，料酒30毫升

做法
1. 将鸡爪剁掉爪尖，放入滚水中汆烫约半分钟后，洗净放入电饭锅内锅中。
2. 枸杞子及莲子洗净后，与姜片、水及料酒一起加入锅中。
3. 盖上锅盖，按下开关，煮至开关跳起。
4. 再焖约5分钟后，开盖加入盐调味即可。

PART 2

多样化猪汤

　　1.猪肉猪骨先放入滚水中略汆烫，待表面变色后即可捞起沥干，这样可以保持猪肉猪骨鲜嫩口感，去除杂质。

　　2.烫过的猪肉猪骨用冷水冲洗干净，再次去除杂质，再与配料放入电饭锅中炖煮出鲜味。

　　3.电饭锅开关跳起后，要将汤表面的浮沫杂质捞除，喝起来会更清澈顺口。

苦瓜排骨汤

🍲 材料

苦瓜	1/2条
排骨	300克
小鱼干	10克
水	6杯

🫕 调料

盐	少许

📋 做法

1. 苦瓜洗净去籽、去白膜,切段备用。
2. 小鱼干泡水软化沥干;排骨用热开水洗净沥干,备用。
3. 取一内锅,放入排骨、苦瓜、小鱼干及6杯水。
4. 将内锅放入电饭锅中,盖锅盖后按下开关,待开关跳起后加盐调味即可。

> **烹饪小秘方**
>
> 苦瓜的苦味大部分来自籽以及里面的那层白膜,如果不喜欢这种苦味,记得把白膜刮除干净,这样苦瓜吃起来就不会那么苦。

金针菜排骨汤

材料
干金针菜20克,排骨300克,香菜适量,水8杯

调料
盐少许,白胡椒粉适量

做法
1. 干金针菜泡水软化沥干;排骨用热开水洗净沥干,备用。
2. 取一内锅,放入排骨、金针菜及8杯水。
3. 将内锅放入电饭锅中,盖锅盖后按下开关,待开关跳起后,加入所有调料、香菜即可。

烹饪小秘方 选购干金针菜时,要选择颜色不是太黄的,如果颜色太鲜艳可能是加了过多的化学添加物,另外花的形状要完好,花瓣没有明显脱落的为佳。

玉米鱼干排骨汤

材料
玉米1根,小鱼干15克,梅花排(肩排)200克,胡萝卜50克,老姜片10克,水800毫升

调料
盐1/2小匙,鸡精1/2小匙,绍兴酒1小匙

做法
1. 梅花排剁小块、氽烫洗净,备用。
2. 玉米洗净切段、胡萝卜洗净切滚刀块,分别氽烫后沥干,备用。
3. 小鱼干略冲洗后沥干,备用。
4. 取一内锅,放入上述材料,再加入老姜片、800毫升水及所有调料。
5. 将内锅放入电饭锅里,盖上锅盖、按下开关,煮至开关跳起后,捞除姜片即可。

莲藕排骨汤

材料
莲藕100克，腩排200克，陈皮1片，老姜片10克，葱白2根，水800毫升

调料
盐1/2小匙，鸡精1/2小匙，绍兴酒1小匙

做法
1. 腩排剁小块、氽烫洗净，备用。
2. 莲藕去皮切块、氽烫后沥干；陈皮泡软、削去内部白膜，备用。
3. 姜片、葱白用牙签串起，备用。
4. 取一内锅，放入上述材料，再加入800毫升水及所有调料。
5. 将内锅放入电饭锅里，盖上锅盖、按下开关，煮至开关跳起后，捞除姜片、葱白即可。

南瓜排骨汤

材料
南瓜100克，腩排200克，姜片15克，葱白2根，水800毫升

调料
盐1/2小匙，鸡精1/2小匙，绍兴酒1小匙

做法
1. 腩排剁小块、氽烫洗净，备用。
2. 南瓜去皮切块，氽烫后沥干，备用。
3. 姜片、葱白用牙签串起，备用。
4. 再加入800毫升水及所有调料。
5. 将内锅放入电饭锅里，盖上锅盖、按下开关，煮至开关跳起后，捞除姜片、葱白即可。

冬瓜排骨汤

材料
冬瓜600克，排骨300克，姜丝5克，水6杯

调料
盐适量

做法
1. 冬瓜去皮洗净切小块；排骨用热开水洗净沥干，备用。
2. 取一内锅，放入排骨、冬瓜块、姜丝及6杯水。
3. 将内锅放入电饭锅中，盖锅盖后按下开关，待开关跳起后加盐调味即可。

菜豆干排骨汤

材料
菜豆干50克，排骨300克，水6杯

调料
盐少许

做法
1. 菜豆干洗净泡水；排骨用热开水洗净沥干，备用。
2. 取一内锅，放入排骨、菜豆干及6杯水。
3. 将内锅放入电饭锅中，盖锅盖后按下开关，待开关跳起后加盐调味即可。

海带排骨汤

材料
海带1条，梅花排200克，胡萝卜80克，老姜片15克，水800毫升

调料
盐1/2小匙，料酒1小匙

做法
1. 梅花排剁小块、氽烫洗净，备用。
2. 海带冲水洗净，剪成3厘米长的段，备用。
3. 胡萝卜洗净去皮切滚刀块，备用。
4. 取一内锅，放入上述材料，再加入姜片、800毫升水及所有调料。
5. 将内锅放入电饭锅里，盖上锅盖、按下开关，煮至开关跳起后，捞除姜片即可。

芥菜排骨汤

材料
芥菜心100克，小排200克，老姜片15克，水800毫升

调料
盐1/2小匙，鸡精1/2小匙，绍兴酒1小匙

做法
1. 小排剁块、氽烫洗净，备用。
2. 芥菜心削去老叶、切对半洗净，氽烫后过冷水，备用。
3. 取一内锅，放入上述材料，再加入姜片、800毫升水及所有调料。
4. 将内锅放入电饭锅里，盖上锅盖、按下开关，煮至开关跳起后，捞除姜片即可。

木瓜排骨汤

🍲 材料

木瓜	100克
腩排	200克
木瓜	100克
姜片	10克
葱白	2根

🧂 调料

水	800毫升
盐	1/2小匙
鸡精	1/2小匙
绍兴酒	1小匙

📋 做法

❶ 腩排剁小块、汆烫洗净，备用。

❷ 木瓜去皮切块、汆烫后沥干，备用。

❸ 姜片、葱白用牙签串起，备用。

❹ 取一内锅，放入上述材料，再加入800毫升水及所有调料。

❺ 将内锅放入电饭锅里，盖上锅盖、按下开关，煮至开关跳起后，捞除姜片、葱白即可。

 烹饪小秘方 木瓜内含丰富的木瓜酵素、木瓜蛋白酶、凝乳蛋白酶、胡萝卜素等，并富含十七种以上氨基酸及多种营养元素，是一种营养丰富的食物，也是公认的丰胸佳品。

大头菜排骨汤

🍲 材料
大头菜1/2个，排骨300克，老姜30克，葱1根，水600毫升

🫙 调料
盐1小匙

📋 做法
① 将排骨剁小块，放入滚水汆烫后捞出备用。
② 大头菜洗净去皮、切滚刀块，放入滚水汆烫后捞出备用。
③ 老姜洗净去皮切片；葱取葱白洗净，备用。
④ 将所有食材、水和调料放入内锅中，按下开关，煮至开关跳起，捞除葱白即可。

银耳煲排骨

🍲 材料
银耳50克，排骨300克，西红柿2个，水1600毫升

🫙 调料
盐少许，鸡精少许

📋 做法
① 排骨洗净，放入沸水锅中烫去血水，捞起以冷水洗净备用。
② 西红柿洗净切块；银耳以冷水浸泡至软、去除蒂头，洗净备用。
③ 将排骨、水、西红柿块及银耳放入电饭锅中，按下开关，待开关跳起，再焖10分钟，起锅前加入所有调料拌匀即可。

松茸排骨汤

材料
松茸100克，排骨500克，姜片30克，水1000毫升

调料
盐2大匙，料酒3大匙

做法

❶ 排骨洗净、切块、氽烫；松茸洗净备用。

❷ 将姜片、排骨块、松茸及调料放入电饭锅中，盖上锅盖，按下开关，蒸约45分钟即可。

药膳炖排骨

材料
黄芪10克，当归8克，川芎5克，熟地5克，黑枣8颗，桂皮10克，陈皮5克，枸杞子10克，排骨600克，姜片10克，水1200毫升

调料
盐1.5小匙，料酒50毫升

做法

❶ 排骨放入沸水中氽烫去血水；将所有药材（除当归、枸杞子、黑枣外）洗净后放入药包袋中，备用。

❷ 将药包袋、当归、枸杞子、黑枣、料酒与所有材料放入电饭锅中，盖上锅盖，按下开关，待开关跳起，续焖20分钟后，加入盐调味即可。

四神汤

🥘 材料

猪小肠	300克
市售四神汤料	1包
老姜	6片
料酒	1大匙
水	600毫升
葱段	10克

🧂 调料

盐	1小匙

📖 做法

1. 小肠加入1大匙盐（分量外）搓洗后，冲洗干净，再加入3大匙白醋（材料外）搓洗后，冲水洗干净。
2. 将小肠放入滚水中汆烫3分钟，捞出过冷水。
3. 小肠放入锅中，加入可淹盖过小肠的水量，再加入姜片、葱段和料酒（分量外），放入电饭锅中，蒸至开关跳起，取出放凉切段备用。
4. 市售的四神汤料洗净，泡水至隔夜，沥干备用。
5. 将小肠段和四神汤放入电饭锅中，加入600毫升水、老姜片、料酒和盐，煮至开关跳起即可。

烹饪小秘方

　　四神是指莲子、芡实、淮山、薏米四种材料，其中芡实、薏米都是不易煮透的材料，所以可以先泡水，泡隔夜后会更容易煮烂。煮好后再加点料酒，风味会更佳。

四物排骨汤

材料
当归8克，熟地5克，黄芪5克，川芎8克，芍药10克，排骨600克，姜片10克，水1200毫升，枸杞子10克

调料
盐1.5小匙，料酒50毫升

做法
1. 排骨放入沸水中汆烫去血水；所有中药材稍微清洗后沥干，放入药包袋中，备用。
2. 将所有材料、中药包与料酒放入电饭锅内锅，盖上锅盖，按下开关，待开关跳起，续焖20分钟后，加入盐调味即可。

苹果红枣炖排骨

材料
红枣10颗，苹果1个（约220克），排骨500克，水1200毫升

调料
盐1.5小匙

做法
1. 排骨放入沸水中汆烫去血水；苹果洗净后带皮剖成8瓣，挖去籽；红枣稍微清洗，备用。
2. 将所有材料放入电饭锅中，盖上锅盖，按下开关，待开关跳起，续焖10分钟后，加入盐调味即可。

淮山薏米炖排骨

材料
淮山50克，薏米50克，排骨600克，姜片10克，水1200毫升，红枣10颗

调料
盐1.5小匙，料酒50毫升

做法
1. 将排骨放入沸水中汆烫去血水；薏米泡水60分钟，备用。
2. 将所有材料及料酒放入电饭锅中，盖上锅盖，按下开关，待开关跳起，续焖10分钟后，加入盐调味即可。

冬瓜籽囊排骨汤

材料
冬瓜籽囊250克，排骨400克，海带芽适量，姜片20克，水适量

调料
盐1/2小匙，鸡精1/4小匙，料酒1大匙

做法
1. 冬瓜籽囊洗净切块。
2. 排骨洗净，放入沸水中汆烫1分钟取出。
3. 将排骨、冬瓜籽囊、姜片放入电饭锅中，倒入适量水，煮至开关跳起，放入海带芽、所有调料拌匀，再焖5分钟即可。

薏米红枣排骨汤

🍲 材料
排骨200克，薏米20克，红枣5颗，姜片15克，水600毫升

🍶 调料
盐3/4小匙，鸡精1/4小匙，料酒10毫升

🍳 做法
① 将排骨剁小块，放入滚水中汆烫后洗净；薏米及红枣洗净，与排骨一起放入电饭锅中，倒入水及料酒、姜片。

② 按下开关，蒸至开关跳起后，加入其余调料调味即可。

草菇排骨汤

🍲 材料
草菇罐头300克，排骨酥300克，香菜适量，高汤1200毫升

🍶 调料
盐1/2小匙，鸡精1/4小匙

🍳 做法
① 打开草菇罐头，取出草菇，冲沸水烫除罐头味备用。

② 将排骨酥、草菇、高汤放入电饭锅中。

③ 按下开关，煮至开关跳起，放入所调料拌匀即可。

酸菜猪肚汤

材料
酸菜心1个，猪肚1个，姜片30克，水1000毫升

调料
Ⓐ 葱2根，姜50克，八角4粒　Ⓑ 盐1/2小匙，胡椒粉适量

做法
① 将酸菜心切小块，冲洗干净备用。

② 猪肚剪去外表油脂，翻面加2大匙盐（分量外）搓洗后，用水冲洗干净，再加2大匙白醋（材料外）搓洗后，冲水洗净，放入滚水汆烫，捞出刮去肠膜备用。

③ 滚水锅中加入调料A，放入猪肚，用小火煮半小时后捞出。

④ 将酸菜心块、猪肚、姜片、水和盐全部放入内锅中，按下开关，煮至开关跳起，取出猪肚待凉切适当大小，再放回内锅，撒入胡椒粉即可。

当归麻油猪腰汤

材料
当归10克，猪腰1副，姜片80克，水600毫升

调料
盐1小匙，料酒100毫升，胡麻油2大匙

做法
① 猪腰去除表面筋膜后，切花再切片，冲水约5分钟后放入沸水中汆烫，捞出沥干水分；当归稍微清洗，沥干水分，备用。

② 将猪腰片、当归、料酒、胡麻油、姜片、水放入电饭锅中，盖上锅盖，按下开关，待开关跳起后，加入盐调味即可。

苦瓜黄豆排骨汤

材料
苦瓜100克，黄豆1.5大匙，小排200克，老姜片10克，葱白2根，水800毫升

调料
盐1/2小匙，鸡精1/2小匙，绍兴酒1小匙

做法
❶ 黄豆泡水8小时后沥干，备用。

❷ 小排剁块、氽烫洗净；姜片、葱白用牙签串起，备用。

❸ 苦瓜直剖去籽，削去白膜后切块，氽烫后沥干，备用。

❹ 取一内锅，放入所有材料及所有调料。

❺ 将内锅放入电饭锅里，盖上锅盖、按下开关，煮至开关跳起后，捞除姜片、葱白即可。

白果腐竹排骨汤

材料
干白果1大匙，腐竹1根（约30克），腩排200克，老姜片10克，水800毫升

调料
盐1/2小匙，鸡精1/2小匙，绍兴酒1小匙

做法
❶ 腐竹、干白果泡水约8小时后沥干，剪成5厘米长的段，备用。

❷ 腩排剁小块、氽烫洗净，备用。

❸ 取一内锅，放入上述材料，再加入姜片、800毫升水及所有调料。

❹ 将内锅放入电饭锅里，盖上锅盖、按下开关，煮至开关跳起后，捞除姜片即可。

花生米豆排骨汤

材料
脱皮花生	2大匙
米豆	1大匙
小排	200克
红枣	5颗
姜片	10克
葱白	2根
水	800毫升

调料
盐	1/2小匙
鸡精	1/2小匙

做法
1. 花生、米豆泡水约8小时后沥干；红枣洗净，备用。
2. 排骨剁小块、氽烫洗净，备用。
3. 姜片、葱白用牙签串起，备用。
4. 取一内锅，放入上述材料，再加入800毫升水及所有调料。
5. 将内锅放入电饭锅里，盖上锅盖、按下开关，煮至开关跳起后，捞除姜片、葱白即可。

烹饪小秘方

米豆虽然长得像黄豆，但是口感与特性却是不一样的，两种豆子煮熟后，米豆较松软而黄豆较硬。通常广式煲汤使用较多的豆类，具有一定的食疗效果。

苦瓜排骨酥汤

🍲 材料
苦瓜150克，排骨酥200克，姜片15克，水800毫升

🥢 调料
盐1/2小匙，鸡精1/4小匙，料酒20毫升

🍳 做法
❶ 将苦瓜去籽后切小块，放入滚水中氽烫约10秒后，取出洗净，与排骨酥、姜片一起放入汤锅中，倒入水、料酒。

❷ 按下开关，蒸至开关跳起后，加入其余调料调味即可。

> **烹饪小秘方**　颜色偏绿的苦瓜苦味较重，氽烫后可以去除部分苦味，吃起来更顺口。

菱角排骨汤

🍲 材料
菱角300克，排骨300克，红枣8颗，姜片10克，水900毫升

🥢 调料
香菜少许，料酒1大匙，盐1/2小匙

🍳 做法
❶ 将菱角洗净氽烫；排骨洗净氽烫；红枣略洗净。

❷ 将上述材料、姜片、料酒和水放入电饭锅内，按下开关。

❸ 开关跳起后，放入调料拌匀，再焖5分钟，最后撒上香菜即可。

> **烹饪小秘方**　菱角温和滋养，营养价值高，可以替代谷类食物，而且有益肠胃，非常适合体质虚弱者、老人与成长中的孩子。

花生核桃肉骨汤

材料
花生1大匙，核桃1大匙，肉骨250克，胡萝卜50克，蜜枣1颗，老姜片15克，葱白2根，水800毫升

调料
盐1/2小匙，鸡精1/2小匙，绍兴酒1小匙

做法
1. 花生、核桃泡水约8小时后沥干；蜜枣洗净，备用。
2. 肉骨剁小块、汆烫洗净；姜片、葱白用牙签串起，备用。
3. 胡萝卜洗净去皮、切滚刀块，备用。
4. 取一内锅，放入上述所有材料，再加入800毫升水及所有调料。
5. 将内锅放入电饭锅里，盖上锅盖、按下开关，煮至开关跳起后，捞除姜片、葱白即可。

苦瓜牡蛎排骨汤

材料
苦瓜100克，牡蛎50克，梅花排200克，老姜片15克，葱白2根，水800毫升

调料
盐1/2小匙，鸡精1/2小匙，绍兴酒1小匙

做法
1. 梅花排剁小块、汆烫洗净；姜片、葱白用牙签串起，备用。
2. 苦瓜直剖去籽，削去白膜后切块，汆烫后沥干，备用。
3. 干牡蛎洗净，备用。
4. 取一内锅，放入上述所有材料，再加入800毫升水及所有调料。
5. 将内锅放入电饭锅里，盖上锅盖、按下开关，煮至开关跳起后，捞除姜片、葱白即可。

糙米黑豆排骨汤

材料
糙米600克，黑豆200克，排骨600克

调料
盐2小匙，鸡精1小匙，料酒1小匙

做法
1. 将糙米与黑豆洗净后泡水，糙米要浸泡30分钟，黑豆要浸泡2小时。
2. 排骨剁成约4厘米长的段，氽烫2分钟后，捞起用冷水冲洗去除肉上杂质和血污。
3. 将浸泡好的糙米、黑豆及排骨放入电饭锅中，按下开关，待开关跳起。
4. 再将所有调料放入锅中，续煮一次即可。

雪莲花排骨汤

材料
雪莲花1朵，排骨600克，姜片10克，水1200毫升

调料
盐1.5小匙，料酒50毫升

做法
1. 将排骨放入沸水中氽烫去血水；雪莲花稍微清洗，备用。
2. 将排骨、姜片、水、雪莲花与料酒放入电饭锅中，盖上锅盖，按下开关，待开关跳起，续焖10分钟后，加入盐调味即可。

甘蔗马蹄排骨汤

材料
甘蔗100克，马蹄6颗，排骨300克，红枣5颗，水1300毫升

调料
盐少许

做法
1. 排骨洗净，冲沸水烫去血水后，以冷水洗净备用。
2. 马蹄去皮，洗净后切片备用。
3. 甘蔗切小段后，再切成小块状备用。
4. 将排骨、水、红枣、马蹄、甘蔗块放入电饭锅中。
5. 按下开关,待开关跳起后,加入盐调味即可。

金针菜枸杞猪骨煲

材料
金针菜30克，枸杞子10克，猪大骨（关节部位）1000克，姜片20克，水1500毫升

调料
料酒50毫升，盐1.5小匙

做法
1. 猪大骨洗净；金针菜洗净，用开水泡5分钟后沥干，备用。
2. 煮一锅水，将猪大骨下锅，煮约4分钟后取出，用冷水洗净沥干。
3. 将煮过的猪大骨放入电饭锅内锅，加入金针菜、枸杞子、水、姜片及料酒，盖上锅盖，按下开关。
4. 待开关跳起，再加少量水煮至开关跳起，再焖20分钟后，加盐调味即可。

腌笃鲜

材料

排骨300克，金华火腿150克，竹笋100克，豆皮结150克，大白菜300克，水500毫升

调料

盐1/2小匙，绍兴酒1大匙，白糖1/4小匙

做法

❶ 竹笋洗净切小块；排骨及金华火腿洗净、切小块；大白菜洗净直切成大块，备用。

❷ 将竹笋块、排骨块、金华火腿块、大白菜块、豆皮结、水与所有调料一起放入内锅，盖上锅盖，按下开关，蒸至开关跳起，再焖约15分钟即可。

烹饪小秘方

腌笃鲜使用金华火腿来提味，但成本较高，也可以使用普通肉来替代，普通肉与金华火腿的风味接近，但较清淡且平价。

木瓜杏片猪腱汤

材料

青木瓜100克，南杏1大匙，猪腱150克，老姜片10克，葱白2根，水800毫升

调料

盐1/2小匙，鸡精1/2小匙，绍兴酒1小匙

做法

❶ 南杏泡水约8小时后沥干，备用。

❷ 猪腱切小块、汆烫洗净；姜片、葱白用牙签串起，备用。

❸ 青木瓜洗净去皮切块、汆烫后沥干，备用。

❹ 取一内锅，放入上述材料，再加入800毫升水及所有调料。

❺ 将内锅放入电饭锅里，盖上锅盖、按下开关，煮至开关跳起后，捞除姜片、葱白即可。

牛蒡萝卜瘦肉煲

🍲 材料
牛蒡100克，胡萝卜100克，白萝卜150克，猪腱肉200克，草菇50克，水1300毫升

🫙 调料
盐少许

🍳 做法
1. 猪腱肉切片、冲沸水烫去血水；牛蒡洗净去皮、切片；胡萝卜、白萝卜洗净去皮后，切成块状，备用。
2. 将所有材料放入电饭锅中。
3. 按下开关，煮至待开关跳起，加入盐调味即可。

参片瘦肉汤

🍲 材料
人参8片，猪腱肉150克，枸杞子1/2小匙，老姜片15克，水800毫升

🫙 调料
盐1/2小匙，料酒1小匙

🍳 做法
1. 人参片泡水约8小时后沥干；枸杞子洗净，备用。
2. 猪腱肉剁小块、汆烫洗净，备用。
3. 取一内锅，放入上述材料，再加入姜片、800毫升水及所有调料。
4. 将内锅放入电饭锅里，盖上锅盖、按下开关，煮至开关跳起后，捞除姜片即可。

西洋菜瘦肉汤

材料

西洋菜1把，猪后腿肉150克，蜜枣1颗，陈皮1片，老姜片15克，葱白2根，水800毫升

调料

盐1/2小匙，鸡精1/2小匙，绍兴酒1小匙

做法

1. 猪后腿肉剁小块、氽烫洗净；姜片、葱白用牙签串起，备用。
2. 陈皮泡水至软，削去白膜；蜜枣洗净，备用。
3. 西洋菜挑除黄叶老根，洗净后切5厘米长的段，氽烫后过冷水，备用。
4. 取一内锅，放入上述材料，再加入800毫升水及所有调料。
5. 将内锅放入电饭锅里，盖上锅盖、按下开关，煮至开关跳起后，捞除姜片、葱白即可。

杏片蜜枣瘦肉汤

材料

南杏片1大匙，蜜枣1颗，猪后腿肉150克，干百合1大匙，陈皮1片，老姜片15克，葱白2根，水800毫升

腌料

盐1/2小匙，鸡精1/2小匙，绍兴酒1小匙

做法

1. 南杏片、干百合泡水约8小时后沥干，备用。
2. 猪后腿肉剁小块、氽烫洗净；姜片、葱白用牙签串起，备用。
3. 陈皮泡水至软，削去白膜；蜜枣洗净，备用。
4. 取一内锅，放入上述材料，再加入800毫升水及所有调料。
5. 将内锅放入电饭锅里，盖上锅盖、按下开关，煮至开关跳起后，捞除姜片、葱白即可。

红枣木耳炖瘦肉

材料

红枣	6颗
水发黑木耳	120克
猪腱肉	150克
姜片	15克
水	700毫升

调料

盐	1/2小匙
料酒	2大匙

做法

1. 将猪腱肉洗净汆烫；黑木耳洗净切块备用。
2. 将猪腱肉、黑木耳、红枣、姜片、水和料酒放入电饭锅中，按下开关。
3. 开关跳起后再焖5分钟，取出猪腱肉切片，再放回锅中，加入盐拌匀即可。

烹饪小秘方

选用猪腱肉，既没有肥肉，也不会过瘦到涩口，炖煮时整块放入，熟了再取出切片，口感会更佳。

四宝汤

材料

蛤蜊	200克
猪肉片	200克
白萝卜	300克
金针菇	100克
干香菇	2朵
鸽蛋	50克
高汤	500毫升

调料

盐	1小匙
糖	1/4小匙

做法

1. 白萝卜去皮洗净，切长方块备用。

2. 金针菇去蒂头后洗净；蛤蜊洗净氽烫后剥开留汁；干香菇洗净去蒂备用。

3. 猪肉片冲水洗净备用。

4. 将所有材料和调料一起放入电饭锅中。

5. 盖上锅盖、按下开关，煮至开关跳起即可。

冬瓜贡丸汤

材料
冬瓜500克,贡丸200克,姜丝5克,水800毫升,芹菜末20克

调料
盐1/2小匙,鸡精1/4小匙,白胡椒粉1/8小匙

做法
1. 将冬瓜去皮去籽后切小块,洗净后与贡丸、姜丝一起放入电饭锅中。
2. 按下开关,蒸至开关跳起后,加入芹菜末及所有调料调味即可。

莲子银耳瘦肉汤

材料
干莲子1大匙,干银耳20克,猪腱肉150克,枸杞子1/2小匙,老姜片15克,葱白2根,水800毫升

调料
盐1/2小匙,鸡精1/2小匙,绍兴酒1小匙

做法
1. 干莲子泡热水约1小时;枸杞子洗净,备用。
2. 猪腱肉剁小块、氽烫洗净;姜片、葱白用牙签串起,备用。
3. 干银耳泡水至涨发后沥干,去蒂剥小块,备用。
4. 取一内锅,放入上述材料,再加入800毫升水及所有调料。
5. 将内锅放入电饭锅里,盖上锅盖、按下开关,煮至开关跳起后,捞除姜片、葱白即可。

火腿冬瓜夹汤

材料
金华火腿100克，冬瓜500克，姜片15克，水800毫升

调料
盐1/2小匙，鸡精1/4小匙，料酒20毫升

做法
1. 将冬瓜去皮去籽后切成长方厚片，再将厚片中间横切但不切断成蝴蝶片；金华火腿切薄片，备用。
2. 将上述材料一起放入滚水中氽烫约10秒后，取出洗净。
3. 再将金华火腿夹入冬瓜片中与姜片一起放入蒸盘中，内锅倒入水、料酒。
4. 按下开关蒸至开关跳起后加入其余调料调味即可。

熏腿肉白菜汤

材料
熏腿骨1只（带有碎肉），白菜1颗，香菜少许，水1500毫升

调料
盐少许

做法
1. 白菜剥叶洗净，切段备用。
2. 取一内锅，放入白菜、熏腿骨及水。
3. 将内锅放入电饭锅中，盖锅盖后、按下开关，待开关跳起后，加盐、香菜调味即可。

烹饪小秘方 带有碎肉的熏腿骨可在超市卖烟熏火腿的专柜购得，因为风味浓郁，非常适合用来熬汤头。用熏腿骨熬出来的汤，风味就像加了金华火腿一般鲜甜。

花生焖猪蹄汤

材料

花生仁	300克
猪蹄	1400克
姜片	30克
水	1400毫升

调料

料酒	50毫升
盐	1.5小匙
白糖	1/2小匙

做法

❶ 猪蹄剁段，放入沸水中汆烫去血水；花生仁泡水60分钟至软，备用。

❷ 将所有材料及料酒放入电饭锅中，盖上锅盖，按下开关，待开关跳起，外锅再加入1杯水（分量外），再按下开关煮一次，待开关跳起后续焖20分钟，加入其余调料调味即可。

酒香猪蹄

材料
猪蹄1200克，葱段50克，姜片40克，辣椒2个，水500毫升

调料
料酒300毫升，蚝油5大匙

做法
① 猪蹄斩块汆烫后洗净，备用。
② 将葱、姜及辣椒放入内锅中，再放入猪蹄，并加入料酒、水、蚝油。
③ 盖上锅盖，按下开关。
④ 煮至开关跳起，持续保温焖20分钟后打开锅盖，取出装盘即可。

烹饪小秘方 这道酒香猪蹄用了300毫升料酒，所以酒味很浓郁，若害怕喝起来太烈，可以煮久一点，让大部分的酒精挥发，但仍保有酒的香气。

黄豆炖猪蹄汤

材料
黄豆120克，猪蹄800克，姜片20克，水1000毫升

调料
料酒50毫升，盐1小匙

做法
① 猪蹄剁小块后洗净；黄豆洗净，泡水6小时后沥干，备用。
② 煮一锅水，将猪蹄块下锅，煮至滚再煮约4分钟后取出，用冷水洗净沥干。
③ 将煮过的猪蹄块放入电饭锅内，加入黄豆、水、姜及料酒，盖上锅盖，按下开关。
④ 待开关跳起，外锅再加1杯水，煮至开关跳起，再焖20分钟后，加盐调味即可。

当归花生猪蹄汤

🍚 材料

当归	2片
花生	2大匙
猪蹄	250克
红枣	5颗
老姜片	15克
葱白	2根
水	800毫升

🧂 调料

盐	1/2小匙
鸡精	1/2小匙
绍兴酒	1小匙

📋 做法

1. 花生泡水8小时后沥干；当归、红枣洗净，备用。
2. 猪蹄剁块、氽烫洗净，备用。
3. 姜片、葱白用牙签串起，备用。
4. 取一内锅，放入上述材料，再加入800毫升水及所有调料。
5. 将内锅放入电饭锅里，盖上锅盖、按下开关，煮至开关跳起后，捞除姜片、葱白即可。

烹饪小秘方

猪蹄富含胶原蛋白，常与花生一同炖煮，为养颜美容或产妇补充奶水之用。因猪蹄味道较腥，氽烫时需冷水下锅，烫久一点，约4分钟后再捞起，能有效去除腥膻味。

枸杞薏米猪蹄汤

材料

猪蹄800克，薏米170克，枸杞子30克，姜片50克，当归10克，水1500毫升

调料

盐2大匙，料酒100毫升

做法

① 薏米洗净、泡水约30分钟备用。

② 猪蹄切块、氽烫约5分钟备用。

③ 取一内锅，放入薏米及猪蹄块，加入枸杞子、姜片、当归及所有调料，再放入电饭锅，盖上锅盖，按下开关，炖煮约40分钟即可。

眉豆红枣猪蹄煲

材料

猪蹄300克，眉豆100克，红枣6颗，陈皮10克，老姜10克，水1500毫升

调料

盐1小匙，料酒1大匙

做法

① 猪蹄斩块，放入沸水中氽烫至表面变白后，捞起以冷水冲洗，备用。

② 眉豆以冷水浸泡约3小时，备用。

③ 将猪蹄、眉豆、水及其他材料放入电饭锅中。

④ 按下开关，待开关跳起，再焖15分钟，加入所有调料拌匀即可。

淮山杏仁猪尾汤

材料
猪尾段500克，南杏40克，淮山50克，姜片10克，水1200毫升

调料
盐1.5小匙，料酒50毫升

做法
1. 将猪尾段放入沸水中氽烫去血水备用；南杏、淮山略洗备用。
2. 将所有材料与料酒放入电饭锅中，盖上锅盖，按下开关，待开关跳起，续焖30分钟后，加入盐调味即可。

烹饪小秘方　猪尾含有丰富的胶原蛋白，但其表皮常带有细毛，可以用喷火枪稍微烘烤一下，再刷洗后入锅，就可以去除大部分的细毛了。

胡椒猪肚汤

材料
猪肚1个，干白果1大匙，腐竹1根，老姜片10片，葱白4根，水800毫升

调料
盐1/2小匙，鸡精1/2小匙，料酒1大匙，白胡椒粒1大匙

做法
1. 干白果泡水约8小时后沥干；腐竹泡软、剪成5厘米长的段；猪肚清洗过再氽烫3分钟，备用。
2. 白胡椒粒放砧板上，用刀面压破；姜片、葱白用牙签串起，备用。
3. 取一内锅，放入上述材料，再加入800毫升水及所有调料，放入电饭锅里，盖上锅盖、按下开关，煮至开关跳起后，捞除姜片、葱白，取出猪肚用剪刀剪小块后放回汤中即可。

淮山炖小肚汤

材料

紫淮山	200克
猪小肚	3个
薏米	1/2杯
料酒	1/2杯
水	6杯

调料

盐	少许

做法

1. 猪小肚洗净，用热开水汆烫后取出；紫淮山去皮洗净切块；薏米洗净，备用。
2. 取一内锅，放入猪小肚、料酒、水。
3. 将内锅放入电饭锅中，盖锅盖后按下开关，待开关跳起后，放入紫淮山、薏米。
4. 外锅再放1杯水（分量外），盖锅盖后按下开关，待开关再度跳起后加盐调味，取出猪小肚剪小块再放回锅中即可。

大肠猪血汤

🍲 材料

猪大肠	1条
（约500克）	
猪血	1块
（约500克）	
大骨	1根
葱	2根
姜	15克
料酒	1/2杯
韭菜	6棵
酸菜丝	150克
水	12杯

🍶 调料

盐	少许
沙茶酱	适量

📋 做法

❶ 猪大肠、大骨洗净，用热开水汆烫后取出；葱洗净切段；姜洗净切片；猪血洗净切小块；韭菜洗净切小段；酸菜丝洗净，备用。

❷ 取一内锅，放入猪大肠、一半的葱段与姜片、料酒及4杯水，待开关跳起后，捞起大肠洗净切段。

❸ 另取一内锅，放入大骨、剩余一半的葱段与姜片、料酒及8杯水，盖锅盖后按下开关，待开关跳起后，捞除大骨，放入猪大肠段、猪血、酸菜丝。

❹ 外锅再放半杯水（分量外），盖锅盖后按下开关，待开关跳起后加盐、沙茶酱调味，食用前撒上韭菜段即可。

枸杞子炖猪心

🍲 材料
猪心350克，枸杞子10克，姜片10克，川芎2片，黄芪5克，水500毫升

🥣 调料
料酒2大匙，盐1/4小匙

🍳 做法
❶ 将猪心洗净，汆烫。

❷ 将所有材料和料酒放入电饭锅内,按下开关。

❸ 开关跳起后，焖约10分钟，取出猪心切片，再放回电饭锅，加入盐拌匀，焖5分钟即可。

> **烹饪小秘方**　　猪心不切，整颗放入电饭锅中炖煮至熟再切片，这样猪心才不会太老，口感更好。

参归炖猪心

🍲 材料
猪心1个，姜丝20克，参须8克，当归3克，枸杞子3克，水400毫升

🥣 调料
盐1/2小匙，料酒80毫升

🍳 做法
❶ 猪心切掉血管头后对剖，洗净血块，切成厚约0.5厘米的片，备用。

❷ 煮一锅水，水滚后将猪心下锅汆烫约20秒钟后取出，用冷水洗净沥干备用。

❸ 将猪心片放入电饭锅内，加入水、料酒、姜丝、参须、当归及枸杞子，外锅加1杯水，盖上锅盖，按下开关。

❹ 待开关跳起，加入盐调味即可。

姜丝猪腰汤

🍲 材料
猪腰1副，姜丝40克，淮山100克，水100毫升

🫕 调料
盐1/4小匙，胡麻油2大匙，料酒100毫升

🍱 做法
① 猪腰对剖后去掉筋膜，划花刀并切厚片后，泡水约15分钟去腥味，备用。
② 煮一锅水，水滚后将猪腰片下锅汆烫约20秒钟即取出，冷水洗净沥干备用。
③ 淮山去皮洗净后切粗条，与姜丝、胡麻油、料酒、猪腰一同放入电饭锅内，加入水，盖上锅盖，按下开关。
④ 待开关跳起，加入盐调味即可。

菠菜猪肝汤

🍲 材料
猪肝600克，姜丝20克，菠菜500克，水800毫升

🫕 调料
盐1小匙，料酒30毫升

🍱 做法
① 菠菜洗净切段；猪肝洗净切片，备用。
② 将所有材料、料酒放入电饭锅中，盖上锅盖，按下开关，待开关跳起，加入盐调味即可。

PART 3

滋补牛羊鸭肉汤

技巧1： 羊肉、牛肉本身味道重，加入辛香料不但可以去除腥味，还能增加汤头风味的层次。

技巧2： 中药材也是去腥提味的好帮手，而且中药的风味还能让汤头喝起来更温和顺口。

技巧3： 以往炖煮牛肉、羊肉都需要小火慢炖，现在只要用电饭锅，方便又迅速！

罗宋汤

材料
牛肋条300克，西红柿1个，洋葱1/2个，卷心菜1/4个，西红柿糊1杯，水8杯

调料
盐少许

做法
1. 牛肋条用热开水清洗后切丁；西红柿、洋葱、卷心菜洗净切丁，备用。
2. 按下启动开关加热，外锅中倒入少许油（材料外），放入洋葱丁爆香，再放入牛肋条丁炒至焦黄。
3. 放入西红柿丁、卷心菜丁、西红柿糊及8杯水。
4. 盖上锅盖炖煮约20分钟后，开盖加盐调味即可。

西红柿牛肉汤

材料
西红柿1个，牛腱心1个，葱2根，水8杯

调料
豆瓣酱3大匙，盐少许

做法
1. 牛腱心用热开水清洗后切块；西红柿洗净切块；葱洗净切段，备用。
2. 按下开关加热，外锅中倒入少许油（材料外），放入葱段爆香，再放入牛腱块炒至焦黄。
3. 加入豆瓣酱炒香后，放入西红柿块及8杯水。
4. 盖上锅盖炖煮约60分钟后，开盖加盐调味即可。

清炖牛肉汤

材料

牛肋条	500克
白萝卜	400克
胡萝卜	100克
西芹	80克
姜片	30克
水	800毫升

调料

盐	1小匙
料酒	30毫升

做法

1. 牛肋条洗净、切小块；白萝卜及胡萝卜洗净去皮、切小块；西芹撕去粗皮、洗净切小块，备用。

2. 将牛肋条块、白萝卜块、胡萝卜块、西芹块与姜片一起放入内锅，加入水及料酒，再放入电饭锅，盖上锅盖，按下开关，蒸至开关跳起，开盖后加盐调味即可。

花生冬菇炖牛肉

材料
花生仁100克，冬菇40克，牛腱600克，姜片20克，水1000毫升

调料
绍兴酒50毫升，盐1小匙

做法
1. 牛腱切片；冬菇泡水10分钟后，洗净剪去蒂头；花生仁泡水4小时后沥干，备用。
2. 煮一锅水，水滚后将牛腱块下锅汆烫约2分钟后取出，冷水洗净沥干，备用。
3. 将烫过的牛腱块放入电饭锅内，加入冬菇和花生仁、水、绍兴酒及姜片，盖上锅盖，按下开关。
4. 待开关跳起，再焖20分钟后，加入盐调味即可。

猴头菇炖牛腱

材料
猴头菇4个，牛腱500克，枸杞子15克，姜片20克，水120毫升

调料
盐适量，料酒2大匙

做法
1. 牛腱切厚片，放入沸水中汆烫去血水；猴头菇泡水至发，洗净备用。
2. 将所有材料、料酒放入电饭锅中，盖上锅盖，按下开关，待开关跳起，外锅加1杯水（分量外）再按下开关，开关跳起后再焖20分钟，加入盐调味即可。

香菇萝卜牛肉汤

材料
香菇40克，胡萝卜200克，牛肋条600克，姜片20克，水800毫升

调料
绍兴酒50毫升，盐1小匙

做法

① 牛肋条切小块；香菇泡软洗净剪去蒂头，撕成四等分；胡萝卜切小块，备用。

② 煮一锅水，水开后将牛肋条下锅氽烫约2分钟后取出，洗净沥干，备用。

③ 将烫过的牛肋条放入电饭锅内锅，加入处理好的香菇和胡萝卜、水、绍兴酒及姜片，外锅加2杯水，盖上锅盖，按下开关。

④ 待开关跳起，再焖20分钟后，加入盐调味即可。

桂圆银耳炖牛肉

材料
桂圆肉15克，银耳5克，牛腱600克，姜片20克，葱段30克，水800毫升

调料
绍兴酒50毫升，盐1小匙

做法

① 牛腱洗净切小块；银耳泡水20分钟，洗净剪去蒂头后沥干，备用。

② 煮一锅水，水滚后将牛腱块下锅氽烫约2分钟后取出，冷水洗净沥干，备用。

③ 将烫过的牛腱块放入电饭锅内，加入银耳、水、桂圆肉、绍兴酒、葱段及姜片，盖上锅盖，按下开关。

④ 待开关跳起，再焖20分钟后，加入盐调味即可。

莲子炖牛肋骨

材料
莲子200克，牛肋条700克，水1200毫升，姜片30克

调料
料酒50毫升，盐1.5小匙，白糖1/2小匙

做法
❶ 牛肋条洗净切小块，放入沸水中氽烫去除血水；莲子泡水至软，备用。

❷ 将所有材料、料酒放入电饭锅中，盖上锅盖，按下开关，待开关跳起，再焖20分钟后，加入其余调料拌匀即可。

巴戟杜仲炖牛腱

材料
巴戟30克，杜仲5片，牛腱1个（约600克），红枣5颗，水500毫升

调料
盐1小匙，料酒3大匙

做法
❶ 将牛腱切块，放入滚水中氽烫，洗净备用。

❷ 巴戟、杜仲洗净泡水30分钟备用。

❸ 将上述材料放入电饭锅中，加入水、料酒和盐调味，按下开关，煮至开关跳起即可。

香炖牛肋汤

材料

牛肋条1000克，洋葱1/2个，姜丝10克，花椒粒少许，白胡椒粒少许，月桂叶数片，水15杯

调料

盐2小匙，鸡精1小匙，料理料酒2大匙

做法

❶ 将牛肋条切成长6厘米左右的段状，汆烫3分钟后捞出，用冷水冲洗血污后备用。

❷ 将洋葱切片后与姜丝放入内锅中，再加入花椒粒、白胡椒粒（拍碎）与月桂叶，再将牛肋条放上层，加入15杯水后，放入电饭锅中，按下开关炖至开关跳起，加入所有调料再焖15~20分钟即可。

土豆牛腱汤

材料

土豆120克，牛腱心1个（约350克），西红柿2个，老姜片10克，葱白2根，水800毫升

调料

盐1/2小匙，鸡精1/2小匙，绍兴酒1小匙

做法

❶ 牛腱心切小块、汆烫洗净，备用。

❷ 土豆去皮切块、汆烫后沥干；西红柿洗净切块，备用。

❸ 老姜片、葱白用牙签串起，备用。

❹ 取一内锅，放入上述材料，再加入800毫升水及所有调料。

❺ 将内锅放入电饭锅里，盖上锅盖、按下开关，煮至开关跳起后，捞除老姜片、葱白即可。

红烧牛肉汤

材料

牛肋条	300克
白萝卜	100克
胡萝卜	60克
葱	2根
姜	30克
大蒜	3瓣
料酒	1大匙
水	800毫升
八角	4个
花椒	1/2小匙
桂皮	适量

调料

A

豆瓣酱	1小匙

B

盐	1/2小匙
糖	1/2小匙
酱油	1小匙

做法

1. 胡萝卜、白萝卜切滚刀块，用滚水汆烫后捞出；八角、花椒、桂皮做成药包。

2. 葱洗净，1根切花，另1根切3厘米长的段；姜去皮切末；蒜拍碎。

3. 牛肋条切块，放入滚水汆烫后，捞出过凉备用。

4. 热锅加适量色拉油（材料外），放入葱段、姜末、蒜碎，小火炒1分钟，加入牛肉块、豆瓣酱炒2分钟，再加入萝卜块、料酒略炒。

5. 将食材全部放入内锅中，按下开关，煮至开关跳起，加入酱油，捞掉浮油、药包，撒上葱花即可。

当归炖羊肉

材料
当归5克，熟地5克，黄芪8克，带皮羊肉块600克，水1000毫升，姜片10克，红枣12颗，枸杞子15克

调料
料酒50毫升，盐1小匙，白糖1/2小匙

做法
1 将羊肉块放入沸水中氽烫去血水，洗净；当归、黄芪稍微清洗后，与熟地一起放入药包袋中，备用。
2 将所有材料、药包袋与料酒放入电饭锅中，盖上锅盖，按下开关，待开关跳起，外锅再加1/2杯水（分量外），按下开关续煮一次，待开关跳起再焖20分钟后，加入其余调料即可。

陈皮红枣炖羊肉

材料
陈皮5克，红枣12颗，带皮羊肉块600克，姜片10克，水1000毫升

调料
料酒50毫升，盐1小匙，白糖1/2小匙

做法
1 将羊肉块放入沸水中氽烫去血水洗净；中药材稍微洗过，备用。
2 将所有材料、中药材与料酒放入电饭锅中，盖上锅盖，按下开关，待开关跳起，外锅再加1/2杯水（分量外），按下开关续煮一次，待开关跳起再焖20分钟后，加入其余调料即可。

药膳羊肉炉

材料
花椒5克，八角2粒，陈皮6克，甘草5克，沙姜10克，草果1粒，枸杞子少许，带皮羊肉块600克，水1000毫升

调料
料酒50毫升，白糖1小匙，盐1小匙

做法
① 带皮羊肉块放入沸水中氽烫去血水去腥；所有中药材清洗后，与花椒、八角一起放入药包袋中，备用。
② 将药包袋与所有材料放入电饭锅中，盖上锅盖，按下开关，待开关跳起，外锅再加1/2杯水（分量外），按下开关续煮一次，待开关跳起后焖20分钟，加入其余调料即可。

蔬菜羊肉锅

材料
胡萝卜80克，卷心菜200克，洋葱100克，带皮羊肉块600克，姜片30克，水1000毫升，料酒50毫升

调料
盐1小匙，白糖1/2小匙

做法
① 胡萝卜洗净去皮，卷心菜、洋葱洗净，均切块；羊肉块放入沸水中氽烫去血水，洗净备用。
② 将所有材料、料酒放入电饭锅中，盖上锅盖，按下开关，待开关跳起，外锅再加1/2杯水（分量外），按下开关续煮一次，待开关跳起焖20分钟后，加入其余调料即可。

木瓜炖羊肉

材料

木瓜	200克
带皮羊肉	800克
胡萝卜	100克
姜片	20克
水	1000毫升

调料

料酒	50毫升
盐	1小匙

做法

1. 羊肉剁小块；木瓜去皮去籽切小块；胡萝卜去皮切小块，备用。

2. 煮一锅水，冷水时先将羊肉块下锅，煮至滚再煮约2分钟后取出，冷水洗净沥干，备用。

3. 将羊肉放入电饭锅内，加入木瓜和胡萝卜、水、料酒及姜片，盖上锅盖，按下开关。

4. 待开关跳起，外锅再加1杯水，煮至开关跳起，再焖20分钟后，加入盐调味即可。

羊肉火锅

材料
冷冻羊肉500克，包心白菜1/2个，金针菇100克，豆腐300克，火锅料适量，水6杯

做法
1. 包心白菜洗净切段；金针菇去头洗净；豆腐切块，备用。
2. 将冷冻羊肉放入电饭锅外锅，加入白菜和水6杯，按下启动开关，待水滚后再放入金针菇、豆腐、火锅料（汤滚后可选择保温状态）即可。

注：火锅料及青菜可依各人喜好挑选，蘸酱可用市售豆腐乳酱。

柿饼煲羊肉汤

材料
带皮羊肉800克，柿饼2片，姜片20克，葱段30克，水800毫升

调料
绍兴酒50毫升，盐1小匙

做法
1. 羊肉剁小块；柿饼摘掉蒂头切小块，备用。
2. 煮一锅水，冷水时先将羊肉块下锅，煮滚再煮约2分钟后取出，冷水洗净沥干，备用。
3. 将羊肉放入电饭锅内，加入柿饼、水、绍兴酒、葱段及姜片，盖上锅盖，按下开关。
4. 待开关跳起，外锅再加1杯水，煮至开关跳起，再焖20分钟后，加入盐调味即可。

姜母鸭

材料
鸭肉块　　600克
姜片　　　50克
水　　　　1000毫升

调料
盐　　　　1小匙
料酒　　　50毫升
胡麻油　　1大匙

做法
1. 鸭肉块放入沸水锅中汆烫去血水备用。
2. 将所有材料、料酒及胡麻油放入电饭锅内锅，盖上锅盖，按下开关，待开关跳起，续焖30分钟后，加入盐调味即可。

烹饪小秘方

胡麻油（黑麻油）味道与颜色都较重，常用来爆香或是炖补使用；而麻油（香油）大都用来拌菜或增添料理色泽使用。

陈皮鸭汤

材料
陈皮3片，鸭肉600克，老姜6片，葱白2根，水1000毫升

调料
鸡精1/2小匙，绍兴酒1大匙，盐1小匙

做法
1 鸭肉剁小块、汆烫洗净，备用。
2 陈皮泡水至软、削去白膜切小块，备用。
3 老姜片、葱白用牙签串起，备用。
4 取一内锅，放入上述材料，再加入水及所有调料。
5 将内锅放入电饭锅里，盖上锅盖、按下开关，煮至开关跳起后，捞除老姜片、葱白即可。

酸菜鸭汤

材料
酸菜300克，鸭肉900克，姜片30克，水3000毫升

调料
盐1小匙，鸡精1/2小匙，料酒3大匙

做法
1 鸭肉洗净切块，放入滚水中略汆烫后，捞起冲水洗净，沥干备用。
2 酸菜洗净切片备用。
3 将鸭肉、姜片、酸菜片、水和料酒放入电饭锅中。
4 按下开关，待开关跳起，加入调料即可。

茶树菇鸭肉煲

材料
茶树菇50克，鸭肉800克，大蒜12瓣，水900毫升

调料
绍兴酒50毫升，盐1小匙

做法
❶ 鸭肉洗净后剁小块；茶树菇泡水5分钟后，洗净沥干，备用。
❷ 煮一锅水，水滚开后将鸭肉块下锅汆烫约2分钟后取出，冷水洗净沥干，备用。
❸ 将茶树菇和鸭肉块放入电饭锅内锅，加入水、绍兴酒及蒜仁，盖上锅盖，按下开关。
❹ 待开关跳起，加入盐调味即可。

姜丝豆酱炖鸭

材料
老姜50克，米鸭600克，水1000毫升

调料
盐少许，鸡精少许，客家豆酱5大匙

做法
❶ 米鸭剁小块，放入滚水汆烫后捞出备用。
❷ 老姜去皮，切细丝备用。
❸ 将所有食材和调料放入内锅中，再放入电饭锅，按下开关，煮至开关跳起即可。

陈皮红枣鸭汤

材料
陈皮10克，红枣12颗，鸭肉800克，党参8克，姜片30克，水900毫升

调料
绍兴酒50毫升，盐1小匙

做法
1. 鸭肉洗净后剁小块，备用。
2. 煮一锅水，水滚后将鸭肉块下锅汆烫约2分钟后取出，冷水洗净沥干，备用。
3. 将烫过的鸭肉块放入电饭锅内锅，加入水、陈皮、绍兴酒、红枣、党参及姜片，盖上锅盖，按下开关。
4. 待开关跳起，加入盐调味即可。

当归鸭

材料
当归10克，鸭肉块600克，姜片10克，水1000毫升，黑枣8颗，枸杞子5克，黄芪8克

调料
盐1小匙，料酒50毫升

做法
1. 鸭肉块放入沸水中汆烫去血水洗净；所有中药材稍微清洗后沥干，备用。
2. 将所有材料与料酒放入电饭锅内，盖上锅盖，按下开关，待开关跳起，续焖30分钟后，加入盐调味即可。

冬瓜薏米炖老鸭

材料

冬瓜	300克
薏米	50克
鸭肉	600克
姜片	30克
水	1000毫升

调料

料酒	50毫升
盐	1小匙

做法

1. 鸭肉洗净后剁小块；薏米洗净泡水1小时后沥干；冬瓜去皮切块，备用。

2. 煮一锅水，水滚后先将泡过的薏米入锅烫20秒钟去腥味后沥干；鸭肉下锅汆烫约2分钟后取出，冷水洗净沥干，备用。

3. 将冬瓜块和鸭肉、薏米放入电饭锅内，加入水、料酒及姜片，盖上锅盖，按下开关。

4. 待开关跳起，加入盐调味即可。

淮山薏米鸭汤

材料

淮山	100克
薏米	1大匙
鸭肉	600克
老姜	6片
葱白	2根
水	1000毫升

调料

盐	1小匙
鸡精	1/2小匙
绍兴酒	1大匙

做法

1. 薏米泡水4小时；淮山去皮洗净切块，汆烫后过冷水，备用。
2. 鸭肉剁小块、汆烫洗净，备用；老姜片、葱白用牙签串起，备用。
3. 取一内锅，放入上述材料，再加入1000毫升水及所有调料。
4. 将内锅放入电饭锅里，盖上锅盖、按下开关，煮至开关跳起后，捞除老姜片、葱白即可。

PART 4

美味海鲜汤

　　1.善用葱、姜、酒，去除海鲜本身的腥味，还能提味增加汤头的香气。

　　2.鱼肉可以事先煎过，再放入电饭锅熬煮，这样喝起来完全没有腥味，而且香气诱人。

　　3.除非只喝汤，否则易熟的海鲜可以等其他材料半熟时再下锅，肉质才会鲜嫩不柴。

姜丝鲜鱼汤

🍲 材料

姜30克，鲜鱼1条，葱1根，料酒2大匙，枸杞子1大匙，水4杯

🍶 调料

盐少许

🍳 做法

① 鲜鱼去鳞去内脏后，洗净切大块；姜去皮切丝；葱洗净切段，备用。

② 取一内锅，加4杯水，外锅放1/2杯水（分量外），盖锅盖后按下开关。

③ 待内锅的水滚后开盖，放入鲜鱼、姜丝、料酒、葱段。

④ 外锅再放1/2杯水（分量外），盖锅盖后按下开关，待开关跳起后，加盐调味、撒上枸杞子即可。

鲜鱼味噌汤

🍲 材料

鲜鱼1条，水4杯，葱1根

🍶 调料

味噌4大匙

🍳 做法

① 鲜鱼去鳞去内脏后，洗净切块；葱洗净切葱花，备用。

② 取一内锅，加4杯水，外锅放1杯水（分量外），盖锅盖后按下开关。

③ 待内锅水滚后放入鲜鱼块，盖上锅盖待水再度滚沸时，放入味噌搅拌均匀，撒入葱花即可。

海鲜西红柿汤

材料
鲜鱼1条，鲜虾6尾，西红柿1个，洋葱1/2个，透抽1/2尾，蛤蜊6个，水8杯

调料
番茄酱1/2杯，盐少许

做法
1. 西红柿、洋葱洗净切丁；鲜鱼去鳞去内脏洗净切块；鲜虾洗净剪须；透抽去内脏洗净切圈；蛤蜊泡水吐沙洗净，备用。
2. 内锅倒入少许油（材料外），放入洋葱丁、西红柿丁炒香后，加入8杯水。
3. 加入番茄酱搅拌均匀，按下开关，盖锅盖煮约20分钟，开盖放入海鲜食材，续煮约5分钟，加盐调味即可。

西红柿鱼汤

材料
西红柿1个，炸鱼1条，葱1根，番茄酱5大匙，糖1大匙，水5杯

调料
盐少许

做法
1. 葱洗净切段；西红柿洗净去蒂头切块；炸鱼切块，备用。
2. 取一内锅，放入葱段、西红柿块、番茄酱、糖、水，再放入电饭锅中，按下开关。
3. 待开关跳起，放入炸鱼块，外锅再放1/2杯水，按下启动开关，待开关跳起，加盐调味即可。

枸杞子鳗鱼汤

材料
枸杞子20克，炸鳗鱼块600克，包心白菜600克，高汤500毫升，水1500毫升

调料
盐少许

做法
1. 包心白菜洗净切长条形备用。
2. 取一内锅，放入包心白菜、炸鳗鱼块、枸杞子，加入高汤及水。
3. 将内锅放入电饭锅中，盖锅盖后按下开关，待开关跳起后，加盐调味即可。

蒜仁鳗鱼汤

材料
蒜仁80克，鳗鱼400克，姜片10克，水800毫升

调料
盐1/2小匙，鸡精1/4小匙，料酒1小匙

做法
1. 鳗鱼洗净切小段后，置于内锅中，再放入蒜仁、料酒与姜片、水。
2. 盖上锅盖，按下开关煮至开关跳起。
3. 取出鳗鱼后，加入盐、鸡精调味即可。

黑豆鲫鱼汤

材料
黑豆1大匙，鲫鱼1条，老姜片15克，葱白4根，水800毫升

调料
盐1小匙，鸡精1/2小匙，料酒1大匙

做法
1. 黑豆泡水约8小时后沥干，备用。
2. 鲫鱼清洗处理干净后，用纸巾吸干水分，备用。
3. 热锅，加入适量色拉油（材料外），放入鲫鱼，煎至两面金黄后，再放入姜片、葱白煎至金黄，备用。
4. 取一内锅，放入鲫鱼、姜片、葱白和黑豆，再加入800毫升水及所有调料。
5. 将内锅放入电饭锅里，外锅加入1.5杯水，盖上锅盖、按下开关，煮至开关跳起后，捞除老姜片、葱白即可。

冬瓜煲鱼汤

材料
冬瓜100克，鳟鱼1条，赤小豆1大匙，老姜片15克，葱白4根，水800毫升

调料
盐1小匙，鸡精1/2小匙，料酒1大匙

做法
1. 赤小豆泡水3小时后沥干；冬瓜带皮洗净、切块，汆烫后过冷水，备用。
2. 鳟鱼处理干净后、切大段，吸干水分。
3. 热锅，加入适量色拉油（材料外），放入鱼块，煎至两面金黄后，再放入姜片、葱白煎至金黄，备用。
4. 取一内锅，放入赤小豆、冬瓜、鱼块、姜片、葱白，再加入800毫升水及所有调料。
5. 将内锅放入电饭锅里，按下开关，煮至开关跳起后，捞除老姜片、葱白即可。

黄豆煨鲫鱼

材料

黄豆   50克
鲫鱼   2条
（约500克）
水   400毫升
姜丝   20克

调料

绍兴酒   30毫升
盐   1/2小匙

做法

1. 鲫鱼去鳃及内脏后洗净；黄豆洗净后泡水6小时，沥干备用。

2. 煮一锅水，水滚后将鲫鱼下锅，氽烫约5秒钟即取出泡水。

3. 将烫过的鲫鱼放入电饭锅内锅，加入水、黄豆、姜丝、绍兴酒。

4. 盖上锅盖，按下开关。

5. 待开关跳起后，加入盐调味即可。

姜丝鲫鱼汤

材料

姜丝20克，鲫鱼1尾（约180克），豆腐1块（约200克），水800毫升，香菜适量

调料

盐1/2小匙，鸡精1/4小匙，料酒1小匙，香油1/4小匙

做法

① 鲫鱼处理干净后，置于内锅中；豆腐切小块，与姜丝、水一起放入内锅中。

② 盖上锅盖，按下"煮饭"键煮至开关跳起。

③ 取出鱼汤后，再加入盐、鸡精、料酒及香油调味，并放上香菜即可。

药膳炖鱼汤

材料

牛蒡片200克，当归3片，川芎5片，桂枝8克，黄芪10片，参须1小束，石斑鱼段600克，红枣30克，姜片10克，水2000毫升

调料

盐1小匙，料酒60毫升

做法

① 石斑鱼段入滚水中氽烫，捞出后洗净备用。

② 取内锅，放入所有材料，再放入电饭锅中，按下开关。

③ 待开关跳起，加入调料拌匀即可。

萝卜丝鲈鱼汤

材料
白萝卜	400克
鲈鱼	1条
（约500克）	
水	400毫升
枸杞子	3克
姜丝	10克

调料
料酒	30毫升
盐	1/2小匙

做法
1. 鲈鱼剪去鱼鳍后，洗净切3大块；白萝卜洗净去皮后切丝，放入电饭锅内锅中。
2. 煮一锅水，水滚后将鱼块下锅汆烫约5秒钟，立即取出泡水。
3. 鱼块洗净后，放入电饭锅内锅，并加入水、枸杞子、姜丝、料酒。
4. 盖上锅盖，按下开关。
5. 待开关跳起后，加入其余调料即可。

参须泥鳅汤

材料
泥鳅600克，参须7克，当归3克，枸杞子5克，姜片20克，水500毫升

调料
料酒50毫升，盐1.5小匙

做法
1. 煮一锅水，水滚后将泥鳅下锅汆烫约5秒钟，取出泡冷水，洗去泥鳅表面黏膜。
2. 将烫过的泥鳅放入电饭锅内锅，加入参须、当归、枸杞子、姜片、水及料酒，盖上锅盖，按下开关。
3. 煮至开关跳起，加盐调味即可。

淮山枸杞子鲈鱼汤

材料
淮山200克，枸杞子10克，鲈鱼700克，姜丝10克，水800毫升

调料
盐1小匙，料酒30毫升

做法
1. 鲈鱼切块后洗净；淮山去皮洗净切小块，备用。
2. 将所有材料、料酒放入电饭锅中，盖上锅盖，按下开关，待开关跳起，加入盐调味即可。

药膳虱目鱼汤

材料

枸杞子20克，当归10克，虱目鱼腹1000克，姜丝10克，水800毫升

调料

盐1小匙，料酒30毫升

做法

① 虱目鱼洗净；中药材洗净沥干，备用。

② 将所有材料与料酒放入电饭锅中，盖上锅盖，按下开关，待开关跳起，加入盐调味即可。

四物虱目鱼汤

材料

虱目鱼500克，当归1片，川芎2片，黄芪10克，枸杞子5克，杜仲10克，熟地10克，黑枣3克，炙甘草1片，白芍10克，水700毫升

调料

料酒100毫升，盐少许

做法

① 将虱目鱼洗净，切大块，用滚水冲一下。

② 将所有中药材和水一起放入电饭锅内锅中，按下开关。

③ 待开关跳起后，放入虱目鱼块和料酒，外锅再放1/2杯水，待开关再次跳起后，加入盐，再焖5分钟即可。

枸杞子鲜鱼汤

材料
枸杞子20克，鲜鱼700克，姜丝10克，水800毫升，黄芪20克

调料
盐1小匙，料酒30毫升

做法
① 鲜鱼处理干洗净后备用。
② 将所有材料、料酒放入电饭锅内锅，盖上锅盖，按下开关，待开关跳起后，加入盐调味即可。

参须鲈鱼汤

材料
参须10克，鲈鱼400克，枸杞子5克，水600毫升

调料
料酒2大匙，盐1/2小匙

做法
① 将鲈鱼洗净切大块，用滚水冲一下。
② 将参须、枸杞子和水放入电饭锅内锅，按下开关。
③ 开关跳起后，放入鲈鱼和料酒，外锅再放1/2杯水，按下开关，待开关再次跳起后，放入盐拌匀，续焖5分钟即可。

烹饪小秘方
比起人参，参须价格便宜许多，性也较温，所以一般会选择参须入菜，虽然不像人参有明显的补气作用，但常常食用也有助气血循环。

当归鳝鱼汤

材料
当归5克，鳝鱼300克，枸杞子5克，姜片20克，水300毫升

调料
料酒50毫升，盐1/2小匙

做法
1. 鳝鱼切去鱼头，掏净内脏切大片，备用。
2. 煮一锅水，将鳝鱼下锅汆烫约5秒钟后，取出泡冷水，洗去表面黏膜。
3. 将烫过的鳝鱼放入电饭锅内锅，加入当归、枸杞子、水、姜片及料酒，盖上锅盖，按下开关。
4. 煮至开关跳起，加盐调味即可。

鲜蚬汤

材料
蚬仔600克，姜丝20克，料酒2大匙，水4杯，葱花少许

调料
盐少许

做法
1. 蚬仔泡水吐沙洗净，备用。
2. 取一内锅，加水4杯后，再放入电饭锅中，盖好锅盖，按下开关。
3. 待内锅中的水滚后开盖，放入姜丝、蚬仔、料酒。
4. 外锅再放1/2杯水（分量外），盖好锅盖后按下开关，待开关跳起后，加盐调味、撒上葱花即可。

泰式海鲜酸辣汤

材料
圣女果6颗，鲜虾6只，透抽1尾，蛤蜊6个，罗勒适量，水6杯

调料
泰式酸辣酱6大匙，柠檬汁2大匙

做法

1. 圣女果洗净切半；虾洗净，头尾分开；透抽去内脏洗净切圈；蛤蜊泡水吐沙洗净，备用。
2. 取一内锅，放入虾头及6杯水。
3. 待内锅放入电饭锅中，盖好锅盖后按下开关，待开关跳起后，捞除虾头，放入泰式酸辣酱拌匀。
4. 外锅再放1/2杯水（分量外），按下开关，放入所有海鲜食材，盖好锅盖后按下开关，待开关跳起，加柠檬汁及罗勒即可。

萝卜鲜虾汤

材料
白萝卜120克，草虾12只，姜片10克，豆腐1块（约120克），水600毫升，干海带15克

调料
盐1/4小匙，柴鱼粉1/2小匙，味醂1大匙

做法

1. 海带泡水约10分钟至涨发后，取出；白萝卜洗净去皮后，与豆腐均切小块；草虾洗净剪掉长须。
2. 将所有材料放入电饭锅内锅，盖上锅盖，按下开关，蒸至开关跳起。
3. 取出草虾后，再加入盐、柴鱼粉、味醂调味即可。

当归虾

材料
当归5克，鲜虾300克，枸杞子8克，姜片15克，水800毫升

调料
料酒1小匙，盐1/2小匙

做法
① 鲜虾洗净、剪掉长须后，置于内锅中；将当归、枸杞子、料酒与姜片、水一起放入内锅中。
② 盖上锅盖，按下开关，蒸至开关跳起。
③ 取出鲜虾后，再加入盐调味即可。

烧酒虾

材料
鲜虾500克，姜片10克，水500毫升，当归3克，枸杞子5克，红枣5颗

调料
料酒100毫升，白糖1小匙，盐1/2小匙

做法
① 鲜虾剔除肠泥，剪除触须洗净；所有中药材稍微洗过后沥干，备用。
② 将所有材料、料酒放入电饭锅内锅，盖上锅盖，按下开关，待开关跳起后，加入其余调料拌匀即可。

冬瓜干贝汤

材料
冬瓜600克,干干贝2个,火腿2片,水6杯

调料
料酒适量,盐少许

做法
1 冬瓜去皮洗净,加水1杯(分量外)一起放入果汁机打碎;火腿切末,备用。
2 干贝泡料酒放入电饭锅中,外锅放1/2杯水(分量外),盖锅盖后按下开关,蒸10分钟后取出剥丝备用。
3 取一内锅,放入冬瓜泥、火腿末、干贝丝及6杯水。
4 将内锅放入电饭锅中,盖锅盖后按下开关,待开关跳起后,加盐调味即可。

黄豆芽蛤蜊辣汤

材料
黄豆芽100克,蛤蜊6个,豆腐1块,韩式泡菜100克,水6杯

调料
韩式辣椒酱3大匙,韩式辣椒粉2大匙,盐少许

做法
1 黄豆芽洗净;蛤蜊泡水吐沙洗净;豆腐切小块,备用。
2 取一内锅,放入黄豆芽、泡菜、韩式辣椒酱、韩式辣椒粉及6杯水。
3 将内锅放入电饭锅中,盖锅盖后按下开关。
4 待开关跳起,再放入蛤蜊,外锅再放1/2杯水(分量外),盖锅盖后按下启动开关,待开关跳起后,加盐调味即可。

牡蛎萝卜泥汤

🍲 **材料**
牡蛎300克，白萝卜1条，水3杯，淀粉适量

🧂 **调料**
酱油3大匙，盐1/2小匙

🍲 **做法**
1. 萝卜洗净磨泥；牡蛎洗净，裹上一层薄薄淀粉备用。
2. 取一内锅，放入萝卜泥及3杯水，再加入酱油拌匀。
3. 将内锅放入电饭锅中，盖锅盖后按下开关，待开关跳起后，放入牡蛎。
4. 外锅再放1/2杯水（分量外），盖锅盖按下开关，待开关跳起后，加入盐调味即可。

鱿鱼螺肉汤

🍲 **材料**
发泡鱿鱼1尾，螺肉罐头1罐，水2杯，蒜苗适量

🧂 **调料**
盐少许

🍲 **做法**
1. 螺肉罐头打开，将汤汁与螺肉分开；发泡鱿鱼洗净切条；蒜苗洗净切斜段，备用。
2. 取一内锅，放入螺肉汤汁及水。
3. 将内锅放入电饭锅中，盖锅盖后按下开关，待内锅水滚后，放入鱿鱼条、螺肉及盐。
4. 起锅前加入蒜苗段即可。

草菇海鲜汤

🍲 材料

草菇	100克
蟹肉	100克
鲜虾	6只
透抽	1尾
蛤蜊	6个
洋葱	1/2个
西芹	1根
水	6杯

🧂 调料

盐	少许
鲜奶油	1杯

📖 做法

1 草菇洗净沥干；蟹肉用热开水洗过；虾洗净，头尾分开；透抽去内脏洗净切圈状；蛤蜊泡水吐沙洗净，备用。

2 西芹洗净切段；洋葱洗净切块，备用。

3 外锅洗净，按下开关加热，倒入少许油（材料外），放入洋葱块、西芹段炒香后，加6杯水。

4 按下开关，盖锅盖煮约10分钟，开盖放入所有海鲜材料，盖上锅盖续煮5分钟，加鲜奶油、盐调味即可。

枸杞子花雕虾

材料
枸杞子　　3克
虾　　　　500克
水　　　　200毫升
参须　　　5克

调料
花雕酒　　100毫升
盐　　　　1/2小匙
白糖　　　1小匙

做法
1. 虾去肠泥，剪去长须后洗净，备用。
2. 将参须、枸杞子与虾放入电饭锅内锅。
3. 内锅加入花雕酒及水，盖上锅盖，按下开关。
4. 待开关跳起后，加入其余调料拌匀即可。

PART 5

健康蔬菜汤

1.蔬菜不要切太细小，以免在炖煮的过程中碎散糊烂，影响口感和美观。

2.尽量挑选耐煮的根茎类蔬菜，除了白菜、卷心菜和菠菜等几种耐煮的叶菜之外，大部分蔬菜都不适合放入电饭锅久煮。

3.添加水果一起炖煮可以增加汤头的鲜甜味，让清淡的蔬菜汤风味更多变。

杏鲍菇蔬菜丸汤

材料
杏鲍菇80克，虾仁150克，上海青末20克，胡萝卜末10克，姜末5克，水900毫升

腌料
盐、香油、白胡椒粉、料酒、淀粉各适量

调料
盐1大匙，砂糖1小匙，白胡椒粉少许

做法
1. 虾仁洗净剁成泥，加入上海青末、胡萝卜末、姜末及腌料拌匀，捏成数颗球状；杏鲍菇洗净切片，备用。
2. 取一内锅，放入所有材料，加入所有调料，再放入电饭锅，盖上锅盖，按下开关，蒸约12分钟，食用时搭配葱花（材料外）即可。

萝卜马蹄汤

材料
白萝卜150克，胡萝卜100克，马蹄200克，芹菜段适量，水800毫升，姜片15克

调料
盐1/2小匙，鸡精1/4小匙

做法
1. 将马蹄洗净去皮，白萝卜、胡萝卜洗净去皮后切小块，一起放入滚水中汆烫约10秒后取出。
2. 将上述食材与姜片一起放入内锅中，倒入水，电饭锅外锅放入1杯水（分量外），放入蒸锅。
3. 按下开关，蒸至开关跳起后，加入芹菜段与其余调料调味即可。

培根卷心菜汤

材料

培根	2片
卷心菜	300克
干香菇	1朵
胡萝卜	15克
高汤	600毫升

调料

料酒	1大匙
鱼露	1大匙

做法

1. 干香菇泡发洗净后切丝；胡萝卜洗净去皮切丝；培根切小片，备用。

2. 按下电饭锅开关，放入培根片炒香，再放入香菇丝、胡萝卜丝炒至均匀，倒入高汤煮至沸腾。

3. 将卷心菜撕小片放入汤中，稍微烫至软，加入其余调料拌匀即可。

烹饪小秘方

因为培根含有大量的油脂，直接用干锅煎炒即可，这样就可以避免吃进过多的油脂，且汤头会更清爽。而卷心菜最后再加入，才能吃到爽口的清脆感！

什锦蔬菜汤

材料
胡萝卜100克，西芹50克，土豆100克，西红柿2个，青花菜100克，洋葱50克

调料
盐1/2小匙

做法
1. 将胡萝卜、土豆和西芹去皮洗净切丁备用。
2. 西红柿洗净切滚刀小块，洋葱切丁，青花菜洗净切小块备用。
3. 按下电锅开关，将锅烧热，倒入1大匙色拉油（材料外），放入洋葱丁和所有材料，以小火炒5分钟后倒入汤锅。
4. 再倒入水煮滚，改转小火煮10分钟，再放入西红柿块和青花菜块煮10分钟，最后加盐调味即可。

金针菇榨菜汤

材料
金针菇1把，榨菜100克，葱段10克，猪五花肉薄片60克

调料
A 盐少许，白胡椒粉少许　B 水600毫升，香油少许

做法
1. 榨菜切丝后洗净沥干；金针菇去蒂头后对切；猪五花薄肉片切小段，加入调料A抓匀，备用。
2. 按下电锅开关，将锅烧热，倒入少许色拉油（材料外），加入猪五花肉薄片炒至变白，放入葱段、榨菜丝炒香。
3. 加入金针菇段略炒，再加入水煮至沸腾，起锅前加入香油即可。

五行蔬菜汤

材料
胡萝卜100克，白萝卜150克，白萝卜叶80克，牛蒡80克，干香菇10朵，姜片10克，水1000毫升

调料
盐1.5小匙，绍兴酒1大匙

做法
1. 胡萝卜及白萝卜洗净去皮切小块；牛蒡洗净去皮切片；白萝卜叶洗净切段，备用。
2. 将所有材料、绍兴酒放入电饭锅中，盖上锅盖，按下开关，待开关跳起后，加入盐调味即可。

牛蒡腰果汤

材料
牛蒡（小）1条，无调味腰果100克，水1000毫升

调料
盐少许

做法
1. 牛蒡洗净，带皮切斜薄片备用。
2. 将所有材料与水放入电饭锅内锅中，按下开关，煮至开关跳起。
3. 再加入盐调味即可。

烹饪小秘方　煮汤或炒菜的腰果记得要使用原味腰果，以免干扰汤头的风味。以小火炖煮至腰果变成松软的程度就可以了。

什锦泡菜火锅

材料
泡菜1罐，综合火锅料适量，洋葱丝30克，薄肉片100克，高汤2500毫升

调料
辣椒酱2大匙，盐少许

做法
1. 外锅洗净，加少许水，盖上盖子、按下开关，待外锅热时，加少许色拉油（材料外）爆香洋葱丝、韩国辣椒酱，再加入泡菜及高汤，盖上盖子，再次按下开关。
2. 待冒水汽煮滚时，开盖放入所有火锅料，并加盐调味，可边煮边涮薄肉片食用（若已太滚可转为保温状态）。

苋菜银鱼羹

材料
苋菜180克，银鱼50克，蒜仁3颗，辣椒1/3个，姜5克，黑木耳1片，高汤700毫升

调料
白胡椒粉少许，柴鱼粉1小匙，香油1小匙，盐少许，水淀粉2大匙

做法
1. 银鱼洗净沥干；苋菜洗净去蒂，切段泡水备用。
2. 蒜仁、辣椒、姜都洗净切成片状；黑木耳洗净切成丝状备用。
3. 按下电饭锅开关，外锅加入1大匙色拉油（材料外），再加入蒜片、辣椒、姜爆香，续加入所有调料（水淀粉除外）和银鱼，煮约10分钟。
4. 加入苋菜段，续煮约5分钟，起锅前加入水淀粉勾薄芡即可。

川味酸辣汤

材料
猪血30克，嫩豆腐1/2盒，竹笋30克，黑木耳2片，金针菇50克，猪肉50克，高汤650毫升

调料
白胡椒粉少许，辣豆瓣1大匙，沙茶酱1大匙，鸡精1小匙，盐少许，醋1大匙

腌料
酱油1小匙，淀粉1小匙，香油1小匙

做法
1. 猪血、嫩豆腐、竹笋洗净切条状；黑木耳洗净切丝；金针菇洗净去蒂切段备用。
2. 猪肉洗净切成丝，加入所有腌料拌匀，腌约15分钟备用。
3. 取内锅，放入所有材料与调料（醋除外），放入电饭锅中。
4. 按下开关，煮至开关跳起，起锅前放入醋即可。

爽口卷心菜汤

材料
卷心菜150克，白萝卜300克，鲜香菇2朵，大米20克，水1000毫升

调料
柴鱼素10克，味醂10毫升

做法
1. 卷心菜剥下叶片洗净，切成丝；香菇洗净切片；备用。
2. 白萝卜洗净去皮后，切成约4厘米长的条；鲜香菇洗净切丝；大米放入纱布袋中口绑好备用。
3. 将水、白萝卜、香菇、大米放入内锅，外锅加1杯水（分量外），煮至白萝卜呈透明状，再加入卷心菜续煮至开关跳起，以柴鱼素、味醂调味后，取出大米袋即可。

西红柿蛤蜊汤

材料

西红柿	2个
蛤蜊	200克
姜丝	5克
罗勒	适量
高汤	400毫升
水	200毫升

调料

盐	少许
白胡椒粉	少许

做法

1. 蛤蜊泡清水吐沙后洗净；西红柿洗净，分别切成8等份的瓣状，备用。
2. 将水放入电饭锅中，放入蛤蜊煮至蛤蜊打开，取出蛤蜊，将汤汁过滤后加入高汤中。
3. 再将高汤加入姜丝煮沸后，加入西红柿瓣，略煮3分钟。
4. 加蛤蜊、其余调料拌匀，起锅前加入罗勒即可。

丝瓜鲜菇汤

材料

丝瓜1条（约500克），柳松菇50克，秀珍菇50克，水400毫升，姜丝10克

调料

盐少许，柴鱼素4克

做法

① 丝瓜洗净削皮后，切成约2厘米长的小条；柳松菇和秀珍菇洗净备用。

② 取内锅，放入所有材料，再放入电饭锅中。

③ 按下开关，煮至开关跳起，放入所有调料拌匀即可。

烹饪小秘方　　丝瓜皮不要削得太厚，这样可以保留较多营养与漂亮的翠绿色。丝瓜煮得越久颜色会越暗沉，所以稍微煮至熟软即可。

西红柿蔬菜汤

材料

西红柿400克，银耳（干）15克，秋葵3个，水400毫升

调料

味醂10毫升，蔬菜高汤200毫升

做法

① 银耳泡发洗净切碎；秋葵洗净切片；西红柿洗净去皮切块状，备用。

② 将上述材料放入内锅中，加入所有调料，再放入电饭锅中。

③ 按下开关，煮至开关跳起即可。

西红柿玉米汤

材料
西红柿2个，玉米1条，葱1/2根，姜丝适量，高汤800毫升

调料
盐1小匙，香菇粉1小匙，香油2小匙

做法
1. 西红柿洗净切块；玉米洗净切段；葱洗净切成段，备用。
2. 取内锅，加入高汤、西红柿块、玉米段、盐及香菇粉，放入电饭锅中，按下开关，煮至开关跳起，最后加入葱段与香油、姜丝即可。

什锦菇汤

材料
杏鲍菇150克，鲜香菇50克，秀珍菇120克，金针菇150克，姜丝10克，葱花10克，香油1大匙，水700毫升

调料
盐1/2小匙，鸡精1/2小匙，料酒1小匙

做法
1. 杏鲍菇洗净切片；鲜香菇洗净切片；秀珍菇洗净去蒂头；金针菇洗净去头，备用。
2. 取内锅，放入所有材料及调料，再放入电饭锅中。
3. 按下开关，煮至开关跳起，撒入葱花即可。

水梨鲜汤

材料

水梨1个，嫩姜丝3克，高汤600毫升

调料

盐少许，白胡椒粉少许，味醂1小匙

做法

1. 水梨洗净削下外皮（保留），果肉切成10等份瓣状，去籽备用。
2. 取内锅，放入所有材料，再放入电饭锅中。
3. 按下开关，煮至开关跳起，挑除水梨皮，加入其余调料拌匀即可。

海带黄豆芽汤

材料

黄豆芽200克，海带结15克（盐淡口味），红辣椒1/3个，蒜末5克，熟白芝麻少许，香油2大匙，水600毫升

调料

盐适量，韩式甘味调味粉5克

做法

1. 黄豆芽洗净沥干水分；红辣椒洗净，去蒂后切斜片备用。
2. 海带结洗净多余盐渍，放入滚水中汆烫约10秒钟，捞出沥干水分，切小段备用。
3. 按下电饭锅开关，外锅倒入香油，先放入蒜末与红辣椒片炒出香味，再加入黄豆芽拌炒均匀。
4. 将水加入锅中煮约5分钟，加入海带结拌匀，以盐和韩式甘味调味粉调味，盛出后撒上熟白芝麻即可。

时蔬大豆汤

材料
洋葱1/2个，土豆2个，西芹100克，西红柿200克，卷心菜200克，胡萝卜200克，罐头肉豆50克，蒜末5克，水1200毫升，西红柿汁300毫升

调料
月桂叶2片，香芹末少许，鸡高汤块1小块，盐少许

做法
1. 洋葱、土豆、胡萝卜均洗净、去皮，切成粗丁；罐头肉豆取出，稍微冲洗后沥干水分，备用。
2. 西红柿洗净去蒂，切成粗丁；西芹洗净，撕除老筋后切成粗丁；卷心菜剥开叶片洗净，切小方片备用。
3. 将所有处理好的材料及调料（香芹末除外）放入内锅中，按下开关，煮至开关跳起，起锅前撒上香芹末即可。

蒜香花菜汤

材料
花菜300克，胡萝卜80克，去皮大蒜10瓣，蔬菜高汤800毫升

调料
盐少许，鸡精8克

做法
1. 花菜洗净切小朵；胡萝卜洗净去皮切片；大蒜切片，备用。
2. 取内锅，加入所有材料，再放入电饭锅中。
3. 按下开关，煮至开关跳起，加入所有调料拌匀即可。

冬瓜海带汤

🍽 材料

冬瓜	500克
海带结	100克
姜片	5片
高汤	400毫升
水	400毫升

🧂 调料

盐	适量
料酒	15毫升
味醂	15毫升

🍳 做法

❶ 冬瓜洗净，以刀面刮除表皮、留下绿色硬皮，切粗丁；海带结洗净备用。

❷ 将所有材料放入内锅中，再放入电饭锅中。

❸ 按下开关，煮至开关跳起，加入所有调料拌匀即可。

烹饪小秘方

1.冬瓜经过熬煮很容易变得软烂，为了保持更多的营养成分，同时维持最佳的口感，去皮的时候只要将表面最外层刮掉就好，切掉太厚的外皮，反而会将靠近表皮营养较多的部位去除，烹煮后冬瓜也不是漂亮的青绿色。

2.因为完整的冬瓜体积很大，采购时大多是切片的冬瓜片，可以直接看到里面的瓜肉和籽，因此很好辨认质量的好坏，挑选粗皮光泽、瓜肉白净质硬、籽不要太大的冬瓜，吃起来水分较多、口感较清爽。

苋菜竹笋汤

🍲 **材料**
苋菜200克，竹笋丝适量，猪肉丝适量，高汤1500毫升

🍶 **调料**
盐适量，鸡精适量，胡椒适量

🍱 **做法**
1. 苋菜洗净切小段，备用。
2. 将所有材料放入内锅，再放入电饭锅中。
3. 按下开关，煮至开关跳起，加入所有调料拌匀即可。

火腿玉米浓汤

🍲 **材料**
火腿2片，罐头玉米粒1罐，玉米酱1/2罐，洋葱50克，鸡蛋1个，水淀粉2大匙，高汤1000毫升

🍶 **调料**
黑胡椒适量，盐少许，香油1大匙

🍱 **做法**
1. 洋葱洗净切丁；火腿切丁，备用。
2. 内锅加入1000毫升高汤，放入洋葱丁、玉米粒、玉米酱，盖上盖子、按下开关。
3. 待开关跳起后，打开锅盖，将鸡蛋打散倒入汤中，外锅再加1/4杯水（分量外），盖上锅盖，按下开关，煮至汤滚时，打开锅盖，慢慢倒入水淀粉勾芡，加入黑胡椒、盐、香油拌匀，盛碗后撒上火腿丁即可。

鲍菇淮山浓汤

🍲 **材料**

杏鲍菇100克，淮山150克，金针菇50克，蟹肉棒1根，水600毫升

🥄 **调料**

味噌18克，味醂1小匙

🍳 **做法**

1. 杏鲍菇洗净切片；金针菇洗净去蒂；蟹肉棒撕成丝状；淮山去皮洗净磨成泥状，备用。
2. 将所有材料放入内锅，再放入电饭锅中。
3. 外锅放入1杯水（分量外），按下开关，煮至开关跳起，放入所有调料与淮山泥，搅拌至浓稠即可。

菠菜浓汤

🍲 **材料**

菠菜200克，土豆200克，西芹30克，高汤400毫升，牛奶200毫升

🥄 **调料**

盐少许

🍳 **做法**

1. 土豆洗净去皮，与洗净的菠菜、西芹一起放入电饭锅中，外锅加1/2杯水（材料外）蒸熟。
2. 取出蒸熟的材料放入果汁机中，加入高汤打成泥。
3. 将泥状食材倒回内锅中，再加入牛奶，放入电饭锅中。
4. 按下开关，煮至开关跳起，加盐调味即可。

土豆培根浓汤

🍲 **材料**

土豆300克，培根30克，洋葱1/2个，奶油10克

🍶 **调料**

高汤400毫升，盐少许，黑胡椒粉少许

🍳 **做法**

① 土豆洗净去皮后切片，浸泡在清水中去除多余淀粉，沥干后放入蒸锅中蒸熟，取出捣碎；洋葱洗净切丝；培根切小片，备用。

② 电饭锅中倒入适量油（材料外），按下开关放入奶油至融化，加入洋葱丝及培根炒香。

③ 加入高汤煮至沸腾，再加入土豆泥搅拌至均匀，续煮至再沸腾。

④ 再加入盐调味，起锅前撒入黑胡椒粉即可。

奶油白菜浓汤

🍲 **材料**

白菜300克，胡萝卜丝10克，猪五花肉片100克，高汤400毫升，鲜奶油100毫升

🍶 **调料**

盐少许，黑胡椒粉少许

🍳 **做法**

① 白菜洗净切段，与胡萝卜丝、猪五花肉片、高汤一起放入内锅，再放入电饭锅中。

② 按下开关，煮至开关跳起，加入鲜奶油与所有调料拌匀即可。

洋葱汤

🍲 **材料**

洋葱500克，奶油40克，蒜末10克，百里香少许，法式面包适量，香菜片少许，水800毫升

🧂 **调料**

白酒15毫升，鸡精6克，盐少许，胡椒粉少许

🍳 **做法**

❶ 洋葱洗净，去皮切丝备用。

❷ 按下电饭锅开关，外锅放入奶油以中小火烧至融化，加入蒜末炒出香味，再加入洋葱丝翻炒至洋葱成为浅褐色。

❸ 在锅中沿锅边淋入白酒，翻炒几下后加入水及其余调料拌匀，续煮约15分钟，盛出。

❹ 法式面包切小丁，放入烤箱中温烤至略呈黄褐色，取出撒在汤中，最后撒上少许香菜叶即可。

南瓜浓汤

🍲 **材料**

南瓜（带皮）300克，炒过的松子20克，蒜末10克，奶油30克，橄榄油1大匙

🧂 **调料**

蔬菜高汤400毫升，牛奶250毫升，盐少许，黑胡椒粉少许，香芹末少许

🍳 **做法**

❶ 将南瓜洗净，去籽后切小片。

❷ 按下电饭锅开关，外锅放入奶油和橄榄油烧热，加入蒜末小火炒出香味，再加入南瓜片充分拌炒，倒入蔬菜高汤煮至南瓜熟软，取出备用。

❸ 待做法2的材料降温至微温后，放入果汁机中，加入炒过的松子搅打至呈泥状，取出倒回电饭锅中，加入牛奶煮至接近滚开，以盐调味后盛出，最后撒上胡椒粉与香芹末即可。

土豆菠菜汤

材料
土豆100克，菠菜100克，熟鸡肉50克，奶油30克，高汤500毫升，鲜奶100毫升

调料
红椒粉1/2小匙，盐1/2小匙，面糊1小匙

做法
1. 将土豆洗净，去皮后切小丁粒；菠菜整棵洗净。
2. 将高汤倒入内锅中煮开，加入土豆粒和菠菜续煮约5分钟后，捞出菠菜冲凉，切碎备用。
3. 将熟鸡肉、奶油、鲜奶、红椒粉和盐放入内锅中煮约10分钟，取出熟鸡肉切成丝。
4. 将面糊徐徐加入锅中，煮至浓稠后盛碗，再撒上切好的菠菜及熟鸡肉丝即可。

花菜鸡肉浓汤

材料
花菜1颗，鸡胸肉1片，胡萝卜30克，洋葱1/2个，西芹2根，大蒜3瓣，高汤800毫升

调料
黑胡椒粉少许，月桂叶2片，大蒜粉1小匙，奶油1小匙，盐少许

做法
1. 花菜洗净切成小朵备用。
2. 胡萝卜、洋葱、西芹、大蒜分别洗净，切成小丁状备用。
3. 鸡胸肉洗净切成小丁状备用。
4. 取一外锅，放入少许色拉油（材料外），加入鸡胸肉丁炒香，再加入花菜、做法2的所有材料和所有调料，翻炒均匀。
5. 在锅中倒入高汤，盖上锅盖，煮约15分钟即可。

意式西红柿洋菇浓汤

🍲 材料

西红柿罐头	200克
洋菇	80克
洋葱	100克
土豆	100克
蒜末	1/2小匙
水	300毫升
高汤	350毫升

🧂 调料

A

盐	1/2小匙
番茄酱	1大匙

B

芝士粉	适量

📋 做法

1. 土豆洗净去皮切丁，洋葱和洋菇洗净切丁备用。
2. 将原粒西红柿压烂备用。
3. 取一外锅，倒入色拉油1大匙（材料外），放入蒜末和调料A，炒5分钟。
4. 上述材料放内锅中，加入水、高汤、土豆、洋葱、洋菇、西红柿，煮10分钟，食用时撒上芝士粉即可。

韩风辣味汤

材料

柳松菇	50克
金针菇	50克
土豆	200克
胡萝卜	100克
黄豆芽	100克
嫩豆腐	1/2块
泡菜	150克
蒜末	10克
水	1000毫升

调料

细辣椒粉	5克
韩式风味素	10克
酱油	1大匙

做法

① 柳松菇洗净撕成小朵；土豆、胡萝卜均洗净，去皮后切块；黄豆芽洗净，备用。

② 嫩豆腐以汤匙挖成块；金针菇洗净切成小段。

③ 外锅倒入2大匙香油（材料外），加入蒜末、细辣椒粉小火炒出香味，再加入带汁泡菜和所有做法1处理好的材料拌炒均匀，加入水、韩式风味素、酱油和做法2处理好的食材，续煮约10分钟，煮至食材入味且风味释出即可。

PART 6

人气甜汤

　　许多甜汤都会加入豆类或杂粮，这些食材都不易煮透，但如果用炉子来炖煮耗时、花钱，不如使用电饭锅来炖煮，按下开关轻松就能品尝美味，非常省心省力。

芋头西米露

材料

芋头	1/2个
西米	100克
水	5杯

调料

糖	5大匙
椰奶	适量

做法

❶ 芋头去皮洗净切小丁，放入电饭锅内锅。

❷ 锅中加入5杯水，盖上锅盖按下开关，待开关跳起，放入西米。

❸ 盖上锅盖按下开关，待开关再次跳起，加糖及椰奶调味即可。

绿豆汤

材料

绿豆300克，白糖200克，滚水3000毫升

做法

① 将绿豆放入水中洗净，除去表面的灰尘和杂质。

② 取一内锅，放入绿豆。

③ 在内锅中加入3000毫升滚水。

④ 盖上锅盖，按下开关。

⑤ 待开关跳起，加入白糖搅拌均匀即可。

红豆汤

材料

红豆300克，白糖200克，水3000毫升

做法

① 将红豆洗净后，以冷水（分量外）浸泡约30分钟。

② 取一炒锅，倒入可淹过红豆的水量（分量外），煮至滚沸，放入红豆氽烫约30秒去涩味，再捞起，沥干水分。

③ 电饭锅内锅放入红豆，倒入3000毫升水，按下开关煮至跳起，再焖约10分钟，查看红豆外观是否松软绵密，如果红豆不够绵密，外锅再加适量水继续煮至软。

④ 最后加入白糖拌匀即可。

酒酿汤圆

材料
红白汤圆150克，酒酿1碗，冰糖1大匙，淀粉1/2小匙，鸡蛋1个，热开水5杯

做法
1. 将鸡蛋打散成蛋液；淀粉与水（分量外）以1:4比例搅匀备用。
2. 电饭锅外锅加3杯热开水，按下开关后，加入冰糖，待冰糖完全溶解后，加入水淀粉勾芡，再加入蛋液后即可关掉电源，全部盛出备用。
3. 内锅加2杯热开水，按下开关，待蒸汽冒出，掀盖，放入汤圆煮至全部浮起（2~4分钟）后捞出，食用前和酒酿一起加入做法2中即可。

紫淮山桂圆甜汤

材料
紫淮山100克，桂圆干30克，红枣10颗，水4杯

调料
糖3大匙

做法
1. 紫淮山去皮洗净切块；桂圆干、红枣泡水洗净，备用。
2. 取一内锅，放入紫淮山块、桂圆干、红枣及4杯水。
3. 将内锅放入电饭锅中，盖锅盖后按下开关，待开关跳起后，加糖调味即可。

姜汁红薯汤

材料
姜100克，红薯1个（约200克），水6杯

调料
红糖适量

做法
1. 姜去皮切块打汁；红薯洗净去皮切块，备用。
2. 取一内锅，放入红薯、姜汁及6杯水。
3. 将内锅放入电饭锅中，盖锅盖后按下开关，待开关跳起后，加红糖调味即可盛碗。

烹饪小秘方
姜汁红薯汤加红糖才对味，因为红糖有一股浓郁却不会过甜的风味，与姜搭配非常适合。

牛奶花生汤

材料
花生仁100克，水6杯

调料
牛奶1/2杯，糖6大匙

做法
1. 花生仁洗净，加热水（分量外）盖上盖子，浸泡2小时，取出沥干备用。
2. 取一内锅，放入花生仁及6杯水。
3. 将内锅放入电饭锅中，盖锅盖后按下开关，待开关跳起后，加糖及牛奶调味即可。

枸杞子桂圆汤

材料
枸杞子20克，桂圆肉50克，水5杯

调料
糖适量

做法
① 桂圆肉洗净；枸杞子洗净沥干，备用。
② 取一内锅，放入桂圆肉、枸杞子及5杯水。
③ 将内锅放入电饭锅中，盖锅盖后按下开关，待开关跳起后，加糖调味即可。

紫米莲子甜汤

材料
紫米1杯，新鲜莲子1杯，水6杯

调料
糖6大匙

做法
① 紫米洗净，用水浸泡2小时，洗净沥干备用。
② 取一内锅，放入紫米及6杯水。
③ 将内锅放入电饭锅中，盖锅盖后按下开关，待开关跳起后。
④ 放入洗净的莲子，外锅再放2杯水（分量外），盖锅盖后按下开关，待开关跳起后，加糖调味即可。

银耳莲子汤

材料
银耳20克，莲子60克，红枣20颗，桂圆肉20克，水800毫升

调料
白糖110克

做法
1. 银耳用清水浸泡约20分钟至涨发后洗净，剪去蒂头剥小块；莲子泡水60分钟，洗净备用。
2. 将所有材料放入电饭锅中，盖上锅盖，按下开关，待开关跳起后，续焖10分钟，加入糖调味即可。

烹饪小秘方　因为莲子不容易泡透，如果在做料理前才浸泡肯定来不及，可以提前一晚将莲子浸泡在清水中，隔天再来做料理就轻松又快速了。

冰糖炖雪梨

材料
雪梨4个（约600克），水800毫升

调料
冰糖100克

做法
1. 雪梨洗净去皮备用。
2. 将所有材料与冰糖放入电饭锅中，盖上锅盖，按下开关，待开关跳起，续焖10分钟即可。

红豆麻糬汤

🍲 **材料**
红豆1杯，麻糬5个，水5杯

🍯 **调料**
白糖5大匙

📋 **做法**
1. 红豆洗净，加热水盖上盖子，泡2小时备用。
2. 取一内锅，放入红豆及5杯水。
3. 将内锅放入电饭锅中，盖锅盖后按下开关，待开关跳起后放入麻糬，盖锅盖焖20分钟，加入糖调味即可。

绿豆薏米汤

🍲 **材料**
绿豆1杯，薏米1杯，水6杯

🍯 **调料**
糖少许

📋 **做法**
1. 绿豆、薏米洗净后，泡水20分钟沥干备用。
2. 取一内锅，放入绿豆、薏米及6杯水。
3. 将内锅放入电饭锅中，盖锅盖后按下开关，待开关跳起后，加糖调味即可。

木瓜炖冰糖

材料

青木瓜1/2个，冰糖1.5大匙，水500毫升

做法

1 木瓜洗净去皮、去籽，切块备用。

2 将木瓜块、冰糖和水，放入内锅中，按下开关，煮至开关跳起即可。

花生仁炖百合

材料

脱膜花生仁80克，干百合20克，冰糖2大匙，水600毫升

做法

1 花生仁提前用清水浸泡一夜，取出沥干水分备用。

2 干百合泡水1小时变软，沥干水分备用。

3 将所有食材、冰糖和水放入内锅中，按下开关，煮至开关跳起即可。

糯米百合糖水

材料
糯米80克, 干百合20克, 白糖2大匙, 水800毫升

做法
① 糯米洗净泡水2小时, 沥干水分备用。
② 干百合泡水1小时变软, 沥干水分备用。
③ 将所有食材、白糖和水放入内锅中, 按下开关, 煮至开关跳起即可。

红枣炖南瓜

材料
红枣5颗, 绿皮南瓜1/2个 (约300克), 白糖1.5大匙, 水600毫升

做法
① 南瓜洗净去皮、去籽, 切块; 红枣洗净, 备用。
② 将南瓜块、红枣、白糖和水放入内锅中, 按下开关, 煮至开关跳起即可。

菠萝银耳羹

材料
菠萝罐头1罐，银耳30克，红枣10颗，水4杯，枸杞子10克

做法
1. 银耳泡水软化洗净，再用果汁机打碎备用。
2. 取一内锅，放入银耳碎、红枣、枸杞子及水4杯。
3. 将内锅放入电饭锅中，盖锅盖后按下开关，待开关跳起后，加入菠萝罐头（含汤汁）即可。

烹饪小秘方　利用罐头菠萝汤汁的甜味来调味就足够，如果喜欢甜味重一点的，可以再添加适量的糖调味。

绿豆仁炖淮山

材料
绿豆仁200克，淮山200克，红枣50克，水5杯

调料
冰糖2大匙

做法
1. 将绿豆仁、红枣洗净后泡水约10分钟，备用。
2. 淮山削皮洗净后，切成约1厘米见方的小丁。
3. 内锅加入5杯水、绿豆仁、红枣，煮约15分钟后，加入淮山再煮15分钟。
4. 将冰糖加入锅中，焖约3分钟让冰糖溶化即可。

烹饪小秘方　红枣也有提甜味的功能，所以冰糖的分量可斟酌调整，最好边加冰糖边试味道。

银耳桂圆汤

材料
银耳（干）100克，桂圆肉（干）300克，枸杞子50克，水2500毫升

调料
白糖1大匙

做法
1. 将银耳泡水使其发涨，等发涨后再去除根部、硬蒂的部分，再将银耳略为氽烫2分钟，捞出沥干水分备用。
2. 枸杞子用清水洗净后泡水10分钟。
3. 内锅加入2500毫升水、桂圆肉、枸杞子、银耳及白糖，放入电饭锅中，按下开关煮至跳起即可。

红薯薏米汤

材料
红薯300克，薏米100克，水1000毫升

调料
冰糖适量

做法
1. 薏米洗净，泡水约6小时后沥干，备用。
2. 红薯洗净，去皮、切丁，备用。
3. 将薏米和1000毫升水放入内锅中，再放入电饭锅，按下开关，煮至开关跳起，焖约5分钟。
4. 接着放入红薯丁，于外锅再加入1/2杯水（分量外），煮至开关跳起，焖约5分钟，最后加入冰糖拌匀即可。